Piekalkiewicz · VW KÜBELWAGEN

VW KÜBELWAGEN TYP 82

Janusz Piekalkiewicz

Motor buch Verlag spezial

Umschlaggestaltung: Frank Zähringer unter Verwendung einer Abbildung aus dem Bundesarchiv

Bildnachweis:
VW-Archiv (6), Porsche-Archiv (15), Bundesarchiv Koblenz (177), Imperial War Museum (11)
Etablissement Cinematographique et Photographique des Armees, Fort D'Ivry (1)
Archiv J. Piekalkiewicz (4)

ISBN: 978-3-613-03768-7

Spezialausgabe: 1. Auflage 2015

Sie finden uns im Internet unter www.motorbuch-verlag.de

Satz + Reproduktionen: Gold Rose Publishing Ltd., 70190 Stuttgart
Druck und Bindung: Livonia Print Ltd., 1002 Riga
Printed in Latvia

INHALTSVERZEICHNIS

Amerikanische Fallschirmspringer 1944 in einem erbeuteten VW Kübelwagen in Caretan, Frankreich.
(Foto: National Archives USA)

VORWORT

»Der Wagen soll der Freude des deutschen Volkes dienen...« versicherte am Himmelfahrtstag, dem 26. Mai 1938, Adolf Hitler bei der Grundsteinlegung zum Volkswagenwerk in Fallersleben, dem Geburtsort des »Deutschland – über – alles« Dichters Hoffmann. Das störte den Führer keinesfalls, schon zwei Tage später den Befehl zur Vorbereitung des bewaffneten Einmarschs in die Tschechoslowakei zu geben.
Während der kleine Mann auf der Straße immer noch hoffte, daß der Volkswagen »ihm vor allem an Sonn- und Feiertagen zur Quelle eines unbekannten, freudigen Glücks würde« (Adolf Hitler), hatte das Heeres-Waffen-Amt dem Konstrukteur Porsche über die Schulter geschaut – und nicht ohne Wissen des Führers – seine Forderungen nach einem »leichten Einheits-PKW« für die Wehrmacht geltend gemacht. Das war die Geburtsstunde des berühmten VW Kübelwagens. Und mit Ausbruch des Krieges wird schnell von Volksmotorisierung auf Truppen- Motorisierung umgeschaltet.
Das flinke, zähe Gefährt wird bald genauso von Freund wie Feind geschätzt. Und selbst die US-Streitmacht, der man keinen Mangel an Kraftfahrzeugen nachsagen kann, hat noch rechtzeitig am Tage der Invasion auf den Kontinent – am 6. Juni 1944 – eine reichhaltige Broschüre »War Department Technical Manuel: *German Volkswagen*« den eigenen Truppen ausgehändigt, um die Benutzung der Beutewagen zu erleichtern. Das kam nicht von ungefähr, der VW 82 hatte bereits seine Probe auf allen Kriegsschauplätzen gut bestanden. Auch die harten russischen Winter konnten ihm nichts ausmachen, und dort, wo die Räder der schweren Kübelwagen von Horch und Tatra im grundlosen Morast der Mittelfront oder im Sand ausgedörrter Sonnenblumenfelder durchdrehten, fraß sich der leichte Volkswagen vorwärts. Drei Mann konnten zur Not einen Volkswagen anheben, während den schweren Tatra sogar ein Halbzug nicht zu bewegen vermochte.
Selbst Feldmarschall Rommel bedankte sich eines Tages persönlich bei Porsche: »Sie haben mir das Leben gerettet.« Als Porsche ihn erstaunt ansah, weil er nicht wußte, was gemeint war, hörte er weiter: »Ihr VW-Kübelwagen, den ich in Afrika benütze, löste beim Überfahren eines Minenfeldes nicht aus, während der mir folgende schwere Horch mit dem Gepäck hochging.«
So mancher Leser wird beim Betrachten der Fotos sich in die damalige Zeit versetzt fühlen und wieder an die eigenen Erlebnisse mit einem VW 82 erinnert.
Gewidmet ist dieser Band allen denen, die Interesse an Kraftfahrzeugen des Zweiten Weltkrieges und besonders an diesem unverwüstlichen Kübelwagen haben.

(Janusz Pikalkiewicz)

Englische Fallschirmspringer setzen im März 1945 in einem erbeuteten Kübelwagen über den Rhein.
(Foto: Imperial War Museum, GB)

1

Es ist Mitte Januar 1931 – die Weltwirtschaftskrise hat gerade ihren Höhepunkt erreicht – als die Chefs der deutschen Automobilwerke ein Schreiben mit recht umfangreichen Anlagen erhalten. Der Absender, ein österreichischer Konstrukteur namens Dr. Ing. h.c. Ferdinand Porsche, teilt darin mit, daß er soeben ein eigenes Konstruktionsbüro in Stuttgart eröffnet hat:

DR. ING. H. C. FERDINAND PORSCHE
STUTTGART, 13. Jan. 1931
KRONENSTRASSE 24
TELEPHON 24301

Ich bin am 3. September 1875 in Maffersdorf bei Reichenberg geboren und begann meine Tätigkeit mit 18 Jahren bei den Vereinigten Elektrizitätswerken vorm. Egger & Co. in Wien. Nach vier Jahren war ich Leiter des Prüfungsraumes und Assistent des Berechnungsbüros dieser Firma.
Da ich mich frühzeitig schon für den Automobilbau interessierte, konstruierte ich bis zum Jahre 1900 mein erstes rein elektrisches Automobil und zwar mit Radnaben-Elektromotor, den sogenannten Lohner-Porsche-Wagen. Dieses Fahrzeug war bereits auf der Weltausstellung 1900 in Paris.
Kurz darauf brachte ich den ersten Mixte- Wagen (Benzin-elektrisch getrieben) mit Vorderrad-Antrieb heraus. Hierfür erhielt ich im Jahre 1902 den Pötting Preis.
Jm Jahre 1906 trat ich als Direktor und Chefkonstrukteur bei Austro-Daimler in Wiener Neustadt ein, wo ich im Jahre 1917 General-Direktor wurde. U. a. baute ich dort Wagen für die Prinz Heinrich Fahrt im Jahre 1910, bei welcher es mir gelang, mit meinen Fahrzeugen den 1., 2. und 3. Preis zu erringen. Anschließend daran konstruierte ich Alpen-Fahrzeuge, die in diversen Jahren sich ebenso glänzend bewährten. Daß Hand in Hand mit dieser Entwicklung auch die Serien-Fahrzeuge entsprechend behandelt wurden, ist selbstverständlich.
Für die österr. Militärbehörde wurden von mir folgende Konstruktionen entwickelt: Zugwagen, Seilwindewagen, Landwehrtrain-Fahrzeuge mit 5 Anhängern, 30,5 cm Mörser Zugwagen, diverse Flugmotoren, von denen in England u. a. Lizenzen genommen wurden und tausende auf Grund dessen entwickelt, Motorisierung der 42 cm Mörser. Ferner baute ich für diese Firma Feuerwehrfahrzeuge, elektrische Oberleitungs-Omnibusse.
In meiner Nachkriegstätigkeit konstruierte ich für Austro-Daimler den 6 Cylinder A D Wagen, den 6 Cylinder ADV Wagen und den 6 Cylinder A D M Wagen.
Jm Jahre 1924 trat ich bei der Daimler A.G.

Untertürkheim als Direktor und Vorstandsmitglied ein. Für diese Firma entwickelte ich ca. 20 Personenwagen Typen, darunter die bekannten Kompressor-Typen wie z.B. SS und SSK Sport- bzw. Rennmaschinen. Ebenso entwickelte ich Rennwagen für die Targa Florio 1924 und für den großen Preis der Nationen. Sämtliche heute noch serienmäßig gelieferten Typen von Mercedes sind meine Konstruktion bis auf den 7,7 Ltr. Kompressor, dessen Grundtype ebenso von mir stammt.
Ferner entwickelte ich für diese Firma 14 Lastwagentypen, darunter einen großen Sechsradwagen; ebenso sind die bekannten Mercedes Rohöl-Lastwagen von mir konstruiert.
Weiterhin entwickelte ich in dieser Zeit 2 & 3 Cylinder Kleinflugzeug-Motoren wie auch einen 1000 PS wassergekühlten und 800 PS luftgekühlten Flugmotor.
Im Jahre 1929 trat ich bei den Steyr-Werken in gleicher Eigenschaft wie bei Daimler-Benz als Direktor und Vorstandsmitglied ein und entwickelte für diese Firma einen 6 Cylinder 2 Ltr. Wagen, wie auch eine 8 Cylinder 5 Ltr. Type. Beide Typen waren bereits auf den Ausstellungen in Paris und London und sind hervorragend beurteilt worden.
Ich bin Inhaber mehrerer hoher Orden, in Italien Cavaliere, Ehrendoktor der technischen Hochschule in Wien und Ehrendoktor der technischen Hochschule in Stuttgart. Ich habe selbst an verschiedenen sportlichen Veranstaltungen teilgenommen und öfters Preise errungen.
Ich bin verheiratet, meiner Ehe sind 2 Kinder entsprossen, eine Tochter, Luise Piech geb. Porsche, geb. 29. 8.1904 und ein Sohn, Ferdinand, geb. am 19. 9.1909, letzterer ist als Konstrukteur bei mir beschäftigt.
Da mir nachgesagt wird, daß meine Arbeitskraft so groß sei, um mehrere Werke gleichzeitig mit Konstruktionen etc. zu speisen, habe ich nunmehr beschlossen, ein eigenes Konstruktionsbüro zur Lieferung von Automobil- & Motor-Konstruktionen wie auch zur Beratung und Unterstützung der einschlägigen Industrie zu eröffnen. Das Büro ist bereits mit Aufträgen versehen und befindet sich in Stuttgart, Kronenstraße 24.

gez. Ferdinand Porsche.

Am 25. April 1931 wird die »Dr.-Ing. h. c. F. Porsche GmbH, Stuttgart, Kronenstraße 24, Konstruktion und Beratung für Motore und Fahrzeuge« im Handelsregister eingetragen. »Es war schlecht, sehr schlecht«, erinnert sich heute *Ghislaine E. J. Kaes*, Porsches Neffe und Sekretär. »Wir lebten als Firma von der Hand in den Mund, sozusagen.«
Hier in der Garage seiner im Landhausstil erbauten Villa auf dem Killesberg, im Norden von Stuttgart, entwickelt Porsche jedoch Konstruktionen, die später zu den wichtigsten Merkmalen des Volkswagens gehören. So wird am 10. August 1931 die in der Kronenstraße konzipierte Drehstab-Federung als Patent angemeldet. Sie entsteht im Auftrag der Wanderer Werke.
Diese neue Radaufhängung, eine revolutionäre Erfindung, zählt zu den radikalsten Neuerungen des zukünftigen Volkswagens. Porsche hält nämlich die Blatt- und Schraubenfedern für rückständig. Hohes Gewicht und komplizierte Wartung lassen beide Federungssysteme für ein zugleich leichtes und leistungsfähiges Fahrzeug der Mittelklasse denkbar ungeeignet erscheinen. Und er löst das Problem durch die Drehstabfederung, auch Torsionsfederung genannt. Sie beruht auf einem Prinzip, wonach ein Stab, der an einem Ende fest lagert, durch die Auf- und Abschwingungen eines Rades von seinem anderen Ende

her verdreht wird. Der aus Stahlblattfedern gefertigte Stab verwindet sich also beim Abfangen von Unebenheiten. Je härter der Stoß, desto mehr verwindet und spannt er sich und setzt dabei weiterer Verwindung einen um so stärkeren Widerstand entgegen – ein Vorgang, der auch beim Biegen eines normalen Gartenschlauches aus Gummi erkennbar wird. Die Blattfedern sind in der Mitte fest eingespannt und zusammengeklammert, um ein Verdrehen zu vermeiden, und mit an den Vorderrädern des VW befestigten Traghebeln verbunden. Die ähnlich angeordnete Hinterradaufhängung verwendet für jedes Rad je einen Drehstab, der an seinem äußeren Ende gekerbt und verstellbar ist, um eine geometrisch einwandfreie Hinterradaufhängung zu gewährleisten. Jeder Stab ist aus Stahl und für links- oder rechtsseitige Verwendung vorgespannt.

Auch auf dem Killesberg entsteht für die Zündapp GmbH Nürnberg Porsches sechster Kleinwagen. Am 9. September 1931 beginnt er mit der Arbeit, und nach knapp drei Monaten, am 1. Dezember 1931, ist die Karosserie-Skizze fertig. Sie zeigt deutlich schon die Käferform, die eines Tages zum Sinnbild des Volkswagens wird.

Die Russen, deren Automobilbau noch in den Kinderschuhen steckt, laden Porsche 1932 nach Moskau ein. Ersoll die Rote Autoindustrie auf die Beine stellen. Ein unbeschränktes Bankkonto, eine Prachtvilla auf der Krim und viele andere Extras stehen ihm bevor. Porsche besichtigt das wichtigste Zentrum der Industrie und sagt nach seiner Rückkehr: »Ich konnte mich in einer Gießerei mit den Arbeitern nicht verständigen und ohne Verständigung kann ich nicht wirken. Und in meinem Alter« – er war damals 57 – »lerne ich die Sprache nicht mehr.«

Im Jahre 1934 treffen sich im Kaiserhof in München zwei ehemalige Untertanen des k.u.k.: Porsche und Hitler. Sie führen ein fast freundschaftlich verlaufendes Gespräch über die Idee eines volkstümlichen Autos, dem auch Hitlers Freund Jakob Werlin beiwohnt, der als Münchner Mercedes-Händler dem Führer im Jahre 1923 den ersten Mercedes verkaufte. Werlin, der Hitlers Autobesessenheit kräftig zu schüren versteht, wird später mit dem 33. Erlaß des Führers vom 16. Januar 1942 zu seinem Generalinspektor für das Kraftwesen ernannt und hat bis zum bitteren Ende jederzeit unangemeldet Zutritt zum »Allerhöchsten«.

Hitler, von Porsches Vorschlägen recht angetan, steuert allerdings auch eigene Gedanken bei: Nach seiner Auffassung dürfe ein solcher Wagen keineswegs mehr als sieben Liter Kraftstoff auf hundert Kilometer verbrauchen – einen Liter weniger als Porsche erwägt – müsse einer vierköpfigen Familie Platz bieten, zum Schutz gegen das Einfrieren im Winter luftgekühlt sein und solle eine 100 km/h Geschwindigkeit nicht nur erreichen, sondern als Dauergeschwindigkeit einhalten können. Übrigens hat man über die Verwendung eines Volksautos ziemlich früh genaue Vorstellungen. Schon am 11. April 1934 findet im Reichsverkehrsministerium eine Besprechung statt, an der auch unter anderem Vertreter der Reichskanzlei und des Reichspropaganda-Ministeriums teilnehmen. Man ist sich einig: Der Anschaffungspreis eines populären Vehikels darf höchstens 1000 Reichsmark betragen, die Betriebskosten sollen 6 Pfennig je Kilometer nicht übersteigen und in dem Wagen Sitzplätze für drei Erwachsene und ein Kind sowie genügend Raum für Gepäck sein. »Diese Bedingungen entsprechen auch den militärischen Erfordernissen, da sich nach Entfernung des Aufbaus drei Mann, ein Maschinengewehr und Munition

unterbringen lassen«, stellen die Herren in ihrem Abschlußbericht fest.
Adolf Hitler sieht Porsche offensichtlich gern. Es mag die Ausstrahlung des berühmten Konstrukteurs sein, der nicht in Uniform erscheint und seine österreichische Sprache nie verfälscht, der sich gibt, wie er ist, einfach und doch groß. Folgt Porsche einem Ruf Hitlers zum gemeinsamen Abendessen, pflegt ihn der Gastgeber mit den Worten zu empfangen: »Ich habe für Sie Würstel und Bier richten lassen, ist das recht?« Dann sitzen beide, mit Bleistift und Papier bewaffnet, und besprechen technische Einzelheiten einer Neukonstruktion. Später einmal, im Dezember 1941, als Porsche nach Orel an die russische Front geflogen werden soll, um die eigenen und die erbeuteten Panzer zu begutachten, befiehlt Hitler, seinem eigenen Piloten, Oberst und Flugkapitän Hans Baur, Porsche dorthin zu bringen. Denn, so erklärt er: »Generale habe ich genug, da kann einmal einer abstürzen, Porsche habe ich nur einen.« Endlich am 27. April 1934 wird die Skizze Nr. 804, eine »5-Sitzer-Limousine«, die erste Skizze des Porsche Typ 60-Volkswagen – vom Zeichenbrett genommen.
Am 22. Juni 1934, schließt Dr.-Ing. h. c. Ferdinand Porsche mit dem Reichsverband der Deutschen Automobilindustrie (RDA) einen Volkswagen-Konstruktionsvertrag, »um die Motorisierung des deutschen Volkes auf der Grundlage einer Gemeinschaftsarbeit unter Einsatz der besten Kräfte des Automobilwesens mit allen Mitteln zum Wohle des deutschen Reiches zu fördern«. Der RDA seinerseits denkt überhaupt nicht daran, sich auf ein Gemeinschaftsprojekt einzulassen, das seine eigenen Verkaufsziffern unweigerlich reduzieren würde. Er tut wenigstens so, als wäre er zur Mitarbeit bereit.
Bei der Eröffnung der Berliner Automobilausstellung im Jahre 1935 gibt sich Hitler, obwohl die Versuchsmodelle noch nicht fertig sind, optimistisch. »Ich freue mich«, spricht er, »daß es dank der Fähigkeit des glänzenden Konstrukteurs Porsche unter Mitarbeit seines Stabes gelungen ist, die Vorentwürfe für den deutschen Volkswagen so weit fertigzustellen, daß die ersten Exemplare Mitte dieses Jahres erprobt werden können. Es muß möglich sein, dem deutschen Volk einen Kraftwagen zu schenken, der im Preis nicht mehr kostet als früher ein mittleres Motorrad und dessen Benzinverbrauch mäßig ist!«
Als Hitler zu seiner Bestürzung hört, Porsche sei kein deutscher Staatsangehöriger, veranlaßt er sofort dessen »Germanisierung«. Am 17. Dezember 1934 wird Porsche mitgeteilt: »Der Führer wünscht, daß der größte deutsche Kraftwagenkonstrukteur die deutsche Staatsbürgerschaft erwirbt.«
Ghislaine Kaes: »Zu mir, der ich ihm das Schreiben vorgelegt hatte, sagte er wörtlich: »Da wer'n ma ja nix machen können. Tust mir das erledigen.« Als Österreicher geboren, besaß er ab 1918 die tschechische Staatsbürgerschaft. Beim Tschechischen Konsulat in Stuttgart mußte Porsche die Ausbürgerungserklärung selbst unterschreiben. Diesen Weg hatte ich ihm nicht abnehmen können. Porsche bemühte sich um einen freundlichen Ton, der Konsul aber blieb eiskalt verschlossen. Als wir dann das Konsulat verließen und die Stufen des Gartenweges hinabschritten, hing Porsche noch seinen Gedanken nach. Da blieb er auf einmal stehen und sagte versonnen vor sich hin: »Der hat uns aber nicht mögen.« Nun entschloß sich der Professor zu einer Reise in die Vereinigten Staaten, um die Massenproduktion von Automobilen an Ort und Stelle zu studieren. Am 19. September 1936 bat mich Porsche, seinen USA-Trip vorzubereiten.

Nur er und ich sollten reisen. Wie er mir sagte, sei er angehalten ein Werk zu bauen in dem zuerst jährlich 500 000 Wagen, später bis 1,5 Millionen Volkswagen im Jahr hergestellt werden können. Weil es dafür in Europa keine Vorbilder gab, fuhren wir also los.«

Am 12. Oktober 1936 werden die drei VW-Prototypen, die sogenannten V 3 – übrigens bei Mercedes Benz in Untertürkheim hergestellt – dem Reichsverband der Deutschen Automobilindustrie (RDA), ganze 16 Monate nach dem vereinbarten Liefertermin, zur Erprobung übergeben. Professor Porsche selbst weilt gerade in den USA und besucht zur gleichen Stunde – man feiert das große amerikanische Fest, den Columbus-Tag – das erste Vander- bilt-Cup-Rennen.

Berlin, Automobilausstellung, 1938: Vor dem Chassis des KdF-Wagens (VW 60), links Dr. Robert Ley, Leiter der Deutschen Arbeitsfront (DAF), A. Hitler, hinter ihm Dr. Bodo Lafferentz, rechts Prof. Ferdinand Porsche.

▲ Reichsgebiet, Ostern 1936: Rast auf einem Waldweg in der Gegend von Stuttgart. Die ersten beiden, im Jahre 1935 gebauten VW-Versuchsmodelle, vorn ein Kabriolet (V 1) und dahinter die Limousine (V 2) während der Versuchsfahrt. Ganz links Ferry Porsche jun., rechts, mit der Flasche in der Hand, Versuchsingenieur Herbert Kaes.

Stuttgart-Zuffenhausen, 1938: Ein aus dem Fahrgestell des KdF-Wagens (VW-60) von der »SS-Fahrbereitschaft« selbstgebastelter »Kübelwagen«.

◀ Stuttgart-Zuffenhausen, 1939: Prof. Porsche erklärt dem Gauleiter von Württemberg, Wilhelm Murr, die Konstruktion des KdF-Wagens.

2

Einige Tage vor dem Start zu den Versuchsfahrten der V 3-Wagen notiert Dr. Ferry Porsche, Sohn des Professors:
»Die Erprobung eines neuen Fahrzeugtyps erfolgt während der ersten Strecken (vielleicht bis 10 000 km) zweckmäßigerweise von einem festen Standort, und zwar von der Stelle aus, die sich mit dem Bau hauptsächlich beschäftigt hat. Es wird deshalb als Standort für die Erprobungsfahrten der ersten 3 Fahrzeuge Stuttgart vorgeschlagen. Wenn die Fahrzeuge nach jeder Tagesfahrt von etwa 600-700 km zum Standort zurückkehren, ist die dringend gebotene Möglichkeit vorhanden, irgendwelche auftretende Störungen nicht nur unverzüglich zu beheben, sondern auch durch entsprechende Maßnahmen sofort generell zu beseitigen.
Als Fahrtstrecke zur Erprobung der Fahrzeuge werden folgende drei Strecken vorgeschlagen:

Strecke I: 626 km	Stuttgart, Böblingen, Calmbach, Dobel, Herrenalb, Gernsbach,
Strecke II: 554 km	Baden-Baden, Oos, Rastadt, RAB-Bruchsal-Frankfurt-Bruchsal, Rastatt, Appenweier, Freudenstadt, Herrenberg, Stuttgart. Stuttgart, Bretten, RAB-Bruchsal-Frankfurt-Bruchsal, Oos, Appenweier, Kniebis, Freudenstadt, Stuttgart.
Strecke III: 487 km	Stuttgart, Bretten, RAB-Bruchsal-Frankfurt-Bruchsal, Gernsbach, Herrenalb, Dobel, Calmbach, Calw, Böblingen, Stuttgart.

Zunächst ist beabsichtigt, die Fahrzeuge täglich die Strecke I (626 km) mit dem Start gegen 6 Uhr morgens befahren zu lassen. In dieser Strecke sind Reichsautobahnen, Reichsstraßen und Landstraßen erster Ordnung abwechselnd enthalten. Die Steigungen bei Herrenalb, der sogenannte Viertälerweg, sowie am Kniebis dürften als besonders schwierig und steil bekannt sein. Die Strecke bei Herrenalb wird z. B. von Daimler-Benz zur Erprobung ihrer Fahrzeuge befahren. Es ist vorgesehen, den Beginn der Versuchsfahrten auf Montag den
Oktober 1936 festzusetzen. Bei einem Durchschnitt von zunächst 55 km pro Stunde würden für die Strecke I mit 626 km etwa 11 Stunden Fahrzeit im Tag benötigt. Zweckmäßigerweise lösen sich zwei Fahrer ab, so daß jedes Fahrzeug mit zwei Fahrern ständig besetzt ist. Nach Ablauf von etwa 10 000 km ist die Möglichkeit gegeben, die tägliche Leistung der Fahrzeuge durch Einschaltung der Strecken II und III beliebig zu

vergrößern. Es können somit tägliche Fahrtleistungen von über 1000 km erreicht werden. Bei einer Gesamtstrecke von ca. 30 000 km je Wagen kann somit eine Versuchsdauer von etwa 7-8 Wochen veranschlagt werden.
Zur einwandfreien Kontrolle der Fahrleistung werden in regelmäßigen Abständen eingehende Prüfungen durch das Forschungs-Institut, Professor Kamm, Stuttgart, angeregt. Diese Kontrollen sollen ähnlich wie bei der 30-Tage- fahrt auf dem Nürburgring zu Beginn der Prüfungsfahrten, sowie nach je 6000 km erfolgen. Die Prüfungen erstrecken sich auf folgende Einzelheiten:

1. Beschleunigung,
2. Höchstgeschwindigkeit,
3. Bremsen.

Die Beobachtung der Fahrzeuge während der Prüfungsfahrten selbst erstreckt sich auf folgende Punkte:

1. Km-Leistung,
2. Durchschnittsgeschwindigkeit für die einzelnen Straßengruppen,
3. Maximalgeschwindigkeit (Reichsautobahn, Landstraße, Stadtstraße),
4. Kraftstoff- und Ölverbrauch,
5. Motortemperatur,
6. Abnützungserscheinungen usw.

Punkt 2 und 3 können dem Kienzle-Tacho-graphen, welcher in jedem Fahrzeug eingebaut ist, entnommen werden. Nach jeder Fahrt werden über den Verlauf der Fahrt, das Verhalten der Fahrzeuge, Störungen, Reparaturen, etwaige Veränderungen usw. Protokolle verfaßt, welche der Vertreter des RDA sowie die Dr. Porsche GmbH unterzeichnen. Diese Versuchsberichte bilden die Grundlage für den Gesamtbericht, der nach Abschluß der Fahrten ausgearbeitet wird. Zwischenberichte werden nicht herausgegeben, um das Endergebnis nicht irgendwie zu beeinflussen.
Etwaige auftretende Störungen während der Versuchsfahrt werden bei Fahrtunterbrechung sogleich behoben, damit die Ursache der Störung sofort erkannt werden kann und gegebenenfalls bei den anderen Fahrzeugen durch zweckentsprechende Abänderung vermieden werden kann. Auf keinen Fall ist es zulässig, die Prüfungsfahrten ohne Behebung fortzusetzen, da später die tieferen Ursachen nur erschwert oder gar nicht mehr feststellbar sind.
Die Belastung der Fahrzeuge während der Fahrten erfolgt wechselnd, wobei fehlende Personen durch Sandsäcke mit je 75 kg ergänzt werden. Die Mindestbelastung ist jeweils zwei Personen, die auf vier Personen einschließlich 30 kg Gepäck als Maximum erhöht werden kann. Die Aufteilung kann derart erfolgen, daß ein Drittel der Strecke mit einer Belastung von zwei Personen, ein Drittel mit drei Personen und ein Drittel mit vier Personen einschließlich 30 kg Gepäck in beliebiger Reihenfolge abwechselnd gefahren wird.
Die Organisation der Fahrt, die Aufnahme der Betriebsstoffe sowie etwaige Reparaturen erfolgen im Standort in einem besonders hierfür eingerichteten Raum, der unter genauer Kontrolle des RDA sowie der Dr. Porsche GmbH steht. An Betriebsstoffen können verschiedene Marken gefahren werden. Nach Ablauf von je 3000 km wird jedes Fahrzeug einer möglichst weitgehenden Kontrolle unterzogen, um Mängel, welche während der Fahrt nicht aufgetreten sind, bereits im Entstehen ausfindig zu machen. Während der normalen Versuchsfahrten werden zur Erweiterung des Versuchsprogrammes größere Fahrten

durch Deutschland vorgeschlagen. Die Besetzung der Fahrzeuge erfolgt dann jeweils von einem Fahrer, einem Vertreter des RDA und einem solchen der Dr. Porsche GmbH, die sich bei der Lenkung des Fahrzeuges beliebig abwechseln. Die Fahrten können sich auf weitere Reisen nach Nord-, Mittel- und Süddeutschland oder in die Alpen erstrecken.«

Bei einem Tagespensum von 700 bis 1200 Kilometern werden die Wagen von sich ständig ablösenden Fahrerteams einer mehr als 50 000 Kilometer langen Zerreißprobe unterzogen, bis die drei Fahrzeuge zusammen etwa 160 000 Kilometer geschafft haben. Die Versuchsfahrten werden am 22. Dezember 1936 abgeschlossen.

Im Januar 1937 folgt ein Gutachten des RDA, das jede erdenkliche Schwäche des Wagens moniert. Darin heißt es: »Die Wagen hätten sich im allgemeinem bewährt«, ein abschließendes Urteil könne man aber erst aufgrund eines weiteren Testes mit den nächsten dreißig vom RDA bestellten Probewagen fällen. Ihre Herstellung, erklärt der RDA, werde unter günstigen Bedingungen erfolgen, nämlich in den der Arbeitsgemeinschaft angeschlossenen Fabriken.«

Jetzt, nachdem die Herren des RDA fast zwei Jahre untätig zugesehen haben, wollen sie nun mit dreißig in eigenen Werken schnell produzierten Wagen bei Hitler Eindruck erwecken. Das von der NS-Parteispitze eigens für die Vorbereitung der VW-Produktion gegründete Unternehmen heißt »Gesellschaft zur Verbreitung des Volkswagens« (GEZUVOR). Geschäftsführer sind Prof. Ferdinand Porsche, Hitler-Intimus Jakob Werlin und Dr. Bodo Lafferentz, Mitarbeiter des Arbeitsfrontführers Robert Ley, dessen Organisation für die erforderlichen Mittel sorgen soll.

Die Organisation Ley kann über ihre eigenen Finanzen hinaus auch über die Mittel der NS-Partei, ja sogar die der öffentlichen Hand verfügen.

Inzwischen entstehen fertigungsgemäß teils in Zuffenhausen, teils noch bei Mercedes in Untertürkheim zugerichtet, dreißig und dann noch einmal dreißig Prototypen, die auf Autobahnen und über Alpenpässe, auf einer Mammut-Strecke von insgesamt 2V2 Millionen Kilometer gejagt werden.

Es bedarf nur eines Befehls aus Berlin, und schon kann die Porsche-Gezuvor-Gruppe auf das umfangreiche Motorenlager, die Garagen und die Wartungsmöglichkeiten der nahe Stuttgart gelegenen Kornwestheimer Wehrmachtskaserne zurückgreifen, wo man auch das Versuchs-Hauptquartier eingerichtet hat. Als Personal stellt Werlin SS-Männer bereit – bewährte, aus allen Teilen Deutschlands abkommandierte Fahrer-die unter der Leitung von Dr. Ferry Porsche Versuchsfahrten unternehmen. Die sogenannte Fahrbereitschaft »VW« besteht anfänglich aus einem 120 Mann starken SS-Sturm, entsprechend einer Wehrmacht-Kompanie, geführt von SS-Hauptsturmführer Albert Liese.

Daß die ganze Angelegenheit keineswegs an die große Propagandaglocke gehängt wird, beweist schon die Erklärung, die jeder Teilnehmer der Versuchsfahrt »W 30« – so der Tarnname der VW-Erprobungen – unterzeichnen muß. Den Schwätzern droht man mit der Gestapo und Strafverfolgung wegen Landesverrat:

Der Deutsche Volkswagen – Versuchsfahrt
»W 30«

Erklärung:

Mit meiner Unterschrift erkenne ich folgende Verpflichtungen für meine Mitarbeit bei der Versuchsfahrt W 30 als unbedingt bindend an:

1. Ich verpflichte mich, über alle die Versuchsfahrt angehenden Fragen und mir im Zusammenhang damit zur Kenntnis kommenden Unterlagen, Konstruktions-Einzelheiten, Zeichnungen, Protokolle, Ergebnisse, Vorfälle und was es auch immer sei, strengste Verschwiegenheit gegen jeden, der außerhalb des mir von der Fahrtleitung der Versuchsfahrt W 30 bekanntgegebenen Bearbeiterkreises steht, zu beachten und mir gegebene Anweisungen zur Geheimhaltung getreulichst zu erfüllen.
2. Die Pflicht zur Verschwiegenheit besteht auch nach Abschluß meiner Tätigkeit bei der Versuchsfahrt W 30 weiter fort.
3. Ich verpflichte mich, alle mir bekannt werdenden Nachrichten, auch geringfügiger Art, die die Versuchsfahrt betreffen, oder deren Durchführung in irgendeiner Weise beeinträchtigen können, unverzüglich der Fahrtleitung W 30 schriftlich mitzuteilen.
4. Ich verpflichte mich, nachstehende Verbote strengstens zu beachten.
   Es ist verboten ohne ausdrückliche Genehmigung der Fahrtleitung W 30:
   a) die Mitnahme von irgendwelchen Unterlagen über die Versuchsfahrt W 30;
   b) die Anfertigung von irgendwelchen Vervielfältigungen, z. B. Photografien usw., sofern sie nicht von der Fahrt- leitung W 30 ausdrücklich verlangt werden;
   c) irgendeiner Person außer der Fahrtleitung W 30 Einblick in die Fahrberichte oder in sonstige Unterlagen über die Versuchsfahrt W 30 zu gewähren;
   d) irgendwelchen Personen die Mitfahrt zu gestatten oder zu ermöglichen. Ausgenommen hiervon ist höhere Gewalt, dringende Gefahr oder notwendig gewordene Hilfeleistung, z. B. bei Unglücksfällen.
5. Ich verpflichte mich, alle etwa entsprechend den Dienstvorschriften während der Versuchsfahrt W 30 von mir angefertigten Lichtbilder als unentwickelte Negative der Fahrtleitung W 30 zu übergeben.
6. Ich habe davon Kenntnis genommen, daß ich für die Dauer meiner Mitarbeit bei der Versuchsfahrt W 30 gegen Unfälle während des Dienstes versichert bin.
7. Ich erkenne ausdrücklich an, daß ich keinerlei Regreßansprüche an den Veranstalter, an die Fahrtleitung der Versuchsfahrt W 30 oder deren Rechtsnachfolger stellen kann. Gerichtsstand für alle etwa anstehenden Streitigkeiten ist Stuttgart.
8. Ich verpflichte mich, vor und während des Dienstes keinerlei Alkohol in irgendwelcher Form zu mir zu nehmen.
9. Ich verpflichte mich, das Rauchen im Bereich der Versuchsbasis W 30 zu unterlassen.
10. Ich verpflichte mich, irgendwelche Tatsachen, Krankheiten usw., die meine Arbeitskraft oder mein Beobachtungsvermögen beeinträchtigen, der Fahrtleitung W 30 oder dessen Beauftragten vor Antritt des Dienstes mitzuteilen.
11. Ich verpflichte mich, allen Anordnungen der Fahrtleitung W 30 unverzüglich und sorgfältig Folge zu leisten und durch diszipliniertes Verhalten die reibungslose Durchführung der Versuchsfahrt W 30 zu sichern.
12. Ich verpflichte mich, die mir zur Kenntnis gebrachten Dienstvorschriften genauestens zu befolgen.
13. Ich habe zur Kenntnis genommen, daß die Fahrtleitung W 30 berechtigt ist, mich bei irgendwelchen Verstößen gegen die Dienst-

vorschriften oderdurch mich hervorgerufenen Anlässen, welche die reibungslose Durchführung der Versuchsfahrt W 30 gefährden könnten, mit sofortiger Wirkung, ohne irgendwelche Regreßansprüche meinerseits, von der weiteren Mitarbeit auszuschließen.

14. Ich habe davon Kenntnis genommen, daß die Fahrtleitung W 30 verpflichtet ist, etwaige Verstöße gegen die auferlegte Schweigepflicht der Geheimen Staatspolizei mitzuteilen.
15. Es ist mir zur Kenntnis gebracht worden, daß ich bei Verstößen gegen die in dieser Erklärung aufgeführten Anordnungen Gefahr laufe, mich im Sinne des Gesetzes gegen unlauteren Wettbewerb in der Fassung vom 9.3.1932 (Reichsgesetzblatt 1932, Teil I, S. 122) und gegebenenfalls der §§ 88 ff. R. St. G. B., Abschnitt Landesverrat in der Fassung des Gesetzes vom 24. 4. 1934 (Reichsgesetzblatt 1934, Teil I) strafbar zu machen.
(Die vorstehend erwähnten Gesetze sind der Erklärung beigefügt; zum Teil im Auszug.) Vorstehende Erklärung kann jederzeit seitens der Fahrtleitung W 30 erweitert werden.

Stuttgart..............1937 Unterschrift:

Das Unternehmen »W 30« wird der teuerste Test der Automobilgeschichte. Als die Versuche endlich beendet sind, stellt man fest, das deutsche Volk hat für seinen Volkswagen recht tief in die Tasche greifen müssen: Über 30 Millionen Reichsmark blieben auf der Strecke.
Nur für die Beseitigung der dabei festgestellten Mängel werden Mittel ausgegeben, für die private Automobilfabriken normalerweise ganze Modelle entwickeln. Und die Erprobungskosten des Volkswagens sind fast zehn mal so hoch wie die Kosten, die Privatunternehmen für ein neues Automobil aufzuwenden gewohnt sind.
Geld spielt bei diesem Geheimauftrag keine Rolle. Eine unendliche Reihe von Versuchen beginnt. Ehe Porsche auf den Vierzylinder-Boxermotor kommt, der später den VW antreiben soll, probiert er es mit einem Zweitakt-Zweizylinder, baut eine Dreizylinder-Reihe, experimentiert mit Doppelkolben, erprobt das Schnürle-System mit Taumelscheibenpumpe, konstruiert einen Zweizylinder-Viertakter und sogar einen Dieselmotor. Herauszufinden, in welcher Lage der Motor am besten eingebaut werde, kostet die Kleinigkeit von fünf Millionen Reichsmark. Auch für die Karosserie entwirft Porsche die verschiedensten Modelle; Holzkonstruktionen, Kunststoffgehäuse und Stahlkarossen. Allein die für das Produktions- und Versuchsprogramm dieser Wagen anfallenden Kosten erreichen astronomische Ziffern: Gegen Ende des Zweiten Weltkrieges steckt in dem VW-Werk ein Anlagekapital von 250 Millionen Mark.
Immerhin kostet 1 kg Volkswagen nur 1,60 Reichsmark – so preist Porsche seine Schöpfung an – im Vergleich zu Butter, für die man zu dieser Zeit pro kg 3,20 zahlen muß.
Im Frühsommer des Jahres 1937 erhält Hitler endlich seinen, dem deutschen Volk seit langem versprochenen Volkswagen, wenn auch erst in Gestalt eines Versuchsmodells. Was er bereits anläßlich der Automobilausstellung 1935 verkündet hat, geht nun in Erfüllung. Mit einem Heckmotor und dem Drehstab-Federungssystem, leichtem Gewicht und ungewöhnlichem Anzugsvermögen erweist sich der Volkswagen als ein äußerst zuverlässiges und zugleich erstaunlich

billiges Hochleistungs- Gebrauchsfahrzeug. Die Produktion kann beginnen, und hier ergeben sich neue Schwierigkeiten. Noch unter dem Eindruck seiner letzten Reise nach den USA will Porsche unbedingt auch den Volkswagen nach amerikanischer Manier fertigen. Es fehlen jedoch die deutschen Produktionsingenieure, die mit den entsprechenden *Know-How vertraut* sind. Es gibt nur einen Weg, das Problem zu lösen: diese Fachleute aus Amerika zu holen. Porsche reist abermals nach Detroit, wo auch ein Treffen mit Henry Ford vorgesehen ist, dem Hitler 1938 das Großkreuz des deutschen Adlerordens verlieh, weil seine Pionierarbeit »den Massen das Automobil geschenkt hatte«.

Man muß nur noch für das Vorhaben ein geeignetes Gelände finden, eine Fabrik bauen, sie vollständig einrichten und nicht zuletzt die Finanzierungsfrage lösen. Obgleich die Deutsche Arbeitsfront bereits über gewisse Eigenmittel verfügt, kann man sie natürlich nicht ausschließlich für dieses Fahrzeug verwenden.

Das Problem wird mit Hilfe der »Kraft-durch-Freude« (KdF)-Organisation auf verblüffende Weise gelöst. KdF kassiert jährlich zwischen 54 und 80 Million Reichsmark, deren Verbuchung geheim bleibt. Die Verwendung der Mittel ist dem Belieben der Partei überlassen: Mit einem Wort, es handelt sich um einen »politischen Geheimfond«. KdF übernimmt die Schirmherrschaft für das Volkswagenprojekt. Man klügelt einen raffinierten Sparvertrag mit Wochenraten von 5 Mark aus, den Dr. Ley in seiner Kölner Rede vom 1. August 1938 der deutschen Arbeiterschaft bekanntgibt. Für diesen gigantischen Sparvertragsplan legen schließlich 336 668 Deutsche insgesamt 280 Millionen Reichsmark auf die hohe Kante. Die Organisation »Kraft-durch-Freude« deponiert die Beiträge der Werktätigen bei der Bank der Deutschen Arbeit, und als Berlin fällt, liegt diese Summe unberührt auf dem Konto, die dann allerdings von den eindringenden Russen beschlagnahmt wird.

Am 26. Mai 1938, es ist Himmelfahrtstag, legt Adolf Hitler in der Nähe von Fallersleben in Niedersachsen den Grundstein zum Volkswagenwerk. Er selbst hält die Rede und bestimmt, daß der in dem neuen Werk zu produzierende Wagen den Namen »KdF-Wagen« trage. Zum 15. Oktober 1939 sollen die ersten 500 Autos vom Band laufen und noch vor Jahresende die Serienproduktion in vollem Gange sein.

Das Werk, so prophezeit Hitler, werde die Fordfabriken in Michigan und ihre Produktion in den Schatten stellen. Und tatsächlich ist das Nachkriegs-Volkswagenwerk in seiner heutigen Gestalt die größte Automobilfabrik der Welt. Die Fachzeitschrift »Motor-Kritik« notiert begeistert im Jahre 1938: »Langsam beginnen sich die Schleier um den konstruktiven Aufbau des KdF-Wagens zu lüften. Bislang konnte man wohl den äußeren Aufbau in Augenschein nehmen, bereitwilligst wurde der Deckel zum Kofferraum geöffnet, man konnte auch bei Veranstaltungen den Laut der Maschine abhoren oder sich von dem Temperament des Wagens ein Bild machen, wenn man auf der Autobahn einem Versuchswagen begegnete. Die Haube, die den Motorraum überdeckt, war in allen Fällen hermetisch verschlossen, und neugierige Fragen prallten wirkungslos an der stoischen Ruhe der Begleitmannschaften ab. Als Weihnachtsgeschenk für die vielen Wißbegierigen erscheinen jetzt die ersten Bilder und näheren technischen Angaben über den KdF- Wagen. Der Boxermotor liegt hinter der Hinterachse, das Vierganggetriebe vor der Hinterachse. Das Kurbelgehäuse des Vierzylindermotors dient gleichzeitig als Fundament für das verschiedene Zubehör (Kühlluft-Gebläse, Lichtmaschine usw.). Der Mittelträger als Rückgrat des ganzen Fahrzeuges ist an seinem hinteren Ende gegabelt, um das Antriebsaggregat aufzunehmen. Eine sickenartige Profilierung des Fahrzeugbodens verleiht diesem in Verbindung mit einer Rahmeneinfassung eine große Steifigkeit trotz größter Gewichtseisparung.«

Jedoch ist kein einziger Volkswagen eines privaten Besitzers je über die Straßen des Dritten Reiches gerollt. Bis zur Umstellung auf Rüstungslieferungen hat man lediglich 210 KdF-Wagen gebaut, die, nicht einmal in Wolfsburg selbst hergestellt, ausschließlich an NS- Dienststellen oder Parteifunktionäre geliefert werden; die KdF-Sparer gehen dabei völlig leer aus.

Reichsgebiet, Winter 1940/41: Der Kraftfahrzeug-Park einer Luftwaffen-Einheit mit nagelneuen VW-82 Kübelwagen.

Reichsgebiet, Winter 1940/41: Der Kraftfahrzeug-Park einer Luftwaffen-Einheit. Ein Wachtposten zwischen den abgestellten VW-82 Kübelwagen.

Reichsgebiet, Winter 1940/41: Die Fahrzeugkolonne mit VW-82 einer Luftwaffeneinheit verläßt in Marschordnung die Kaserne.

Reichsgebiet, Frühling 1941: Die Troßkolonne einer Kradfahrer-Einheit der Division »Großdeutschland« mit ihren VW-82 auf dem Marsch.

Nord-Afrika, Cyrenaika, Juni 1941: Ein VW-82 des DAK nach dem Sandsturm. Das Verdeck ist verschnürt, die Kühlerschiitze im hinteren Kastenteil abgedichtet, die Hinterräder notdürftig mit Kistenbrettern verschalt. Sowohl die Rückblickfensterscheibe im Verdecküberzug, wie auch das mit Steckzapfen und Bolzen am oberen Türrahmen befestigte Steckfenster sind durch die Einwirkung des feinen Sandes matt geschliffen.

Berlin, Sommer 1941: Ein Leutnant und seine Männer posieren bei einer fröhlichen Fahrt in einem VW-82 für ein Erinnerungsfoto.

Nord-Afrika, Sommer 1941: Der Fahrer eines Kübelwagens während der wohlverdienten Mittagspause.

Nord-Afrika, Libyen, Sommer 1941: Ein Kübelwagen der Luftwaffe vor einem italienischen Wüstenfort an der Mittelmeerküste in der Nähe von M
ta. Rechts neben dem Fort ein Marine-Signalmast.

Nord-Afrika, bei Tripolis, Sommer 1941: Auf der Fahrt mit einem VW-Kübelwagen. Vorn, längs des Windschutzscheiben-Rahmens der Winker. Ganz rechts unten der Griff des Suchscheinwerfers. Links hinter dem Beifahrer das hintere Steckfenster mit Steckzapfen. Die Besatzung des VW-82 trägt die khaki-braunen Tropenhemden, der Beifahrer hat den Tropenhelm, die wegen ihrer Nachteile recht unbeliebte Kopfbedeckung des DAK, auf.

Nord-Afrika, Libyen, Sommer 1941: An einer Wasserstelle in der Wüste. Ein italienischer Soldat bedient die Handpumpe des artesischen Brunnens. Der Fahrer eines VW-82 der Luftwaffe füllt die 20-Liter-Einheits-Kanister mit Wasser.

Nord-Afrika, Libyen, Sommer 1941: Vor der weiteren Fahrt noch einen Blick auf die Karte. Die Besatzung des VW-82 trägt die Feldmützen des DAK. Aus diesen Mützen entsteht später die Einheitsfeldmütze des deutschen Heeres, Modell 1943. Der Soldat auf dem hinteren Kastenteil trägt zur Tropenanzug-Feldbluse kurze Hosen und die für das DAK typischen verschnürten Segeltuchstiefel. Im Wagen sitzen zwei englische Kriegsgefangene. Die umgeklappte Windschutzscheibe befindet sich in einer Schutzhülle. Auf dem unteren Scheibenrahmen sind beide Scheibenwischermotoren zu sehen, links daneben der Suchscheinwerfer mit Abblendkappe. Zwischen Windschutzscheibe und Ersatzrad liegt der mit Lappen und Gummiringen notdürftig vor Sandeinwirkung abgeschirmte Einfüllstutzen des Kraftstoffbehälters.

Nord-Afrika, Tripolis, Sommer 1941: Radwechsel inmitten der Wüste. Man sieht die rechte Hinterradnabe und Bremstrommel des VW-82. Unter der Hinterachse der Wagenheber.

Griechenland, Sommer 1941: Auf dem Gelände einer ehemals griechischen Kaserne bei Megara, östlich von Athen. Eine Kfz Schützen-Einheit des gerade aufgestellten Deutschen Afrika-Korps ist zum Appell angetreten. Im Hintergrund mehrere VW-82, mit MG 34 auf Schwenkarm.

-Kaserne: Aufsitzen nach dem Appell. Die Einheit trägt oliv-grüne Tropenhelme, leichte Drillich-Tropenanzüge und kurze Schnürstiefel.

-Kaserne: Die Soldaten eilen zu ihren Fahrzeugen. Links, auf einem behelfsmäßigen Wagenanhänger, ein leichtes Geschütz.

Megara-Kaserne: Die Besatzungen nehmen in ihren VW-82 Kübelwagen Platz.

Megara-Kaserne: Vor dem Aufbruch zur Fahrübung in Marschordnung. In der Mitte ein Mercedes-Benz, Typ L1500 A mit einem leichten Geschütz am Anhänger.

Megara-Kaserne: Der Gruppenführer gibt mit der Kelle das Signal zur Übungsfahrt.

Megara-Kaserne: Fahrübungen der Einheit auf dem Kasernengelände.

Megara-Kaserne: Eine Pause zwischen den Übungsfahrten auf dem Kasernengelände.

Megara-Kaserne:Übungen auf dem Kasernengelände. Vorn, der Einheitsführer, erteilt dem Gruppenführer Unterricht in der Handhabung der Kelle.

Megara-Kaserne: Vor dem Aufsitzen zu Geländefahrtübungen. Vorn der Gruppenführer.

Megara, Sommer 1941: Geländefahrtübungen auf einem Feldweg zwischen Megara und Elevsis.

3

Die Umwandlung des Porsche-Volkswagens in einen Kriegswagen wird am 17. Januar 1938 aktenkundig. An diesem Tage verfaßt der SS- Hauptsturmführer Albert Liese, Leiter der SS- Fahrbereitschaft VW, einen Bericht über seinen Besuch beim Chef des Heeres-Waffen-Am- tes, General der Infanterie Liese, am Freitag, dem 14. Januar 1938.

»Die Besprechung« – notiert SS-Liese, »erstreckte sich auf eine Darlegung des Fahrgestells des VW anhand der mitgebrachten Zeichnung. Herr General Liese äußerte den Wunsch, man möge ihm den Volkswagen gelegentlich vorführen, damit er einen Eindruck von dem Fahrzeug erhalte. Oberstleutnant Fichtner, der schon bei den Vorführungen vor den Stabsoffizieren der verschiedenen Wehrmachtsteile in derTaubertstraße im Dezember vorigen Jahres zugegen war, erhielt vom Herrn General Liese den Auftrag, die seitens des Heeres-Waffen- Amtes gestellten Forderungen baldmöglichst bekannt zu geben, damit ein Fahrzeug entsprechend ausgerüstet werden könnte.

Es wurde mit Herrn General Liese vereinbart, daß die von.uns weiter entwickelten Spezialaufbauten für Gelände – z. B. auf dem Truppenübungsplatz in Münsingen – erprobt werden sollen, um etwaige Kinderkrankheiten auszumerzen.

Anschließend an die Besprechung mit Herrn General Liese fand eine weitere Besprechung mit Herrn Oberstleutnant Fichtner statt. Diese hatte zum Ergebnis, daß uns im Laufe dieser Woche – voraussichtlich am Mittwoch oder Donnerstag – nach Überprüfung der Zeichnung die Wünsche des Heeres-Waffen-Amtes bezüglich des Aufbaues und der Geländegängigkeit des Fahrzeugs bekannt gegeben werden. Bei dieser Besprechung, die wieder in Berlin stattfinden soll, werden unsdieerforder- lichen Unterlagen an die Hand gegeben, mit denen wir zusammen mit der Karosseriefabrik »Trutz« in Coburg – die Firma baut seit Jahren Aufbauten für die Wehrmacht für alle Zwecke - einen den Anforderungen des Heeres-Waffen-Amtes entsprechenden Aufbau entwickeln können.

Nach den Ausführungen des Herrn Oberstleutnant Fichtner kommt für den Volkswagen eine militärische Verwendbarkeit insofern in Frage, als das Fahrzeug gemäß seiner Stärke mit 3 Mann und einem schweren Maschinengewehr besetzt werden kann. In dem Begleitschreiben an das Heeres-Waffen-Amt wurde das Gesamtgewicht des Fahrzeugs mit 950 kg angegeben. Wenn auch die Belastung der Fahrzeuge bei der 50 000-km-Fahrt im Jahre 1936 bis zu 1100 kg auf der Straße betragen hat, so ist es nicht ratsam über eine Belastung von 950 kg hinauszugehen, da die Fahrzeuge bekanntlich bei Gelände-

fahrten wesentlich höher beansprucht werden und daher nicht voll belastet werden können.
Für drei Mann Besatzung und ein schweres Maschinengewehr rechnet das Heeres-Waffen-Amt einschließlich Munition insgesamt 400 kg. Bei einem Chassis-Gewicht von 390-400 kg würden also 150-160 kg für den Aufbau zur Verfügung stehen. Nach den Erfahrungen des Heeres-Waffen-Amtes wird mit einem Aufbaugewicht in dem vorliegenden Fall von etwa 200 kg gerechnet. Es wird uns anheim gestellt, dieses durch die weitgehendste Verwendung von Leichtmetall möglichst herabzusetzen. Zum Schluß der Besprechung fragte ich Herrn Oberstleutnant Fichtner, der für die Beurteilung des Fahrzeugs über die militärische Verwendbarkeit in gewissem Umfange zuständig ist, was er nach der vorliegenden Zeichnung von der militärischen Verwendbarkeit des Volkswagens halte.
Oberstleutnant Fichtner bemerkte daraufhin, daß etwa nach der vorliegenden Zeichnung das Fahrzeug wesentlich sympathischer aussehe. Bei der Besprechung wurde weiter eine Zeichnung eines normalen geländegängigen kleinen PKW vorgelegt, die zeigte, daß der Volkswagen mit Radstand und Spur durchaus in der Mitte der vom Heeresamt gestellten Forderungen liegt. Bezüglich der Bodenfreiheit besteht seitens des Heeres-Waffen-Amtes eine Forderung von 240 mm unter der Mitte eines Fahrzeuges bei dem bekannten 8 m Krümmungsradius. Als ich Herrn Oberstleutnant Fichtner andeutete, daß man diese Bodenfreiheit auch beim Volkswagen ohne Schwierigkeiten erreichen könne, bemerkte er, daß es auf die paar Millimeter nicht so sehr ankomme. Die Hauptsache sei, daß man das Bestmöglichste aus dem vorhandenen Fahrzeug für die militärische Verwendbarkeit heraushole. Bei derselben Gelegenheit bat ich auch, uns die Konstruktionsbedingungen für den Bau von kleinen PKW auszuhändigen. Dieses gelang aber nicht, da eine solche Vorschrift scheinbar im Heeres-Waffen-Amt nicht vorzufinden war.

Der Gang der weiteren Entwicklung ist folgender:
1. am 19. oder 20. Januar 1938 Besprechung im Heeres-Waffen-Amt in Berlin. Bekanntgabe der Bedingungen des Heeres- Waffen-Amtes.
2. Entwicklung des Geländereifens für den Volkswagen.
3. Entwicklung eines militärischen Aufbaues zusammen mit der Firma Trutz, Coburg.
4. Vornahme von Versuchsfahrten im Gelände seitens der Dr. Ing. h. c. F. Porsche KG.
5. Versuche des Heeres-Waffen-Amtes, wobei die Dr. Ing. h. c. F. Porsche KG entsprechend beteiligt ist.

gez. SS-Hauptsturmführer Albert Liese.«

Schon einige Tage später schreibt SS-Hauptsturmführer Liese einen neuen Aktenvermerk, diesmal über eine Besprechung im Heeres- Waffen-Amt, die am Mittwoch, dem 26. Januar 1938 stattfindet:
»Die Wehrmacht beabsichtigt, das Chassis des Volkswagens für den Transport von 4 Soldaten in kriegsmäßiger Ausrüstung beim Gewicht von je 100 kg zu verwenden. Die Gewichtsverteilung setzt sich somit folgendermaßen zusammen:

Zulässiges Gesamtgewicht im Gelände	950 kg
Chassis-Gewicht mit Geländebereifung	400 kg
Zulast für Soldaten mit kriegsmäßigem Gepäck	400 kg
Für den Aufbau verbleibt damit ein Gewicht von	150 kg

Die bisher bei der Wehrmacht in Betrieb befindlichen Kübelsitzaufbauten auf leichtem PKW betragen durchweg 300-400 kg. Wenn in dem vorliegenden Fall ein Gewicht des Kriegsaufbaues von 150 kg erreicht werden soll, müssen vollständig neue Wege gegangen werden. Aus diesem Grunde läßt das Heeres-Waf- fen-Amt bei der Entwicklung des für den VW bestimmten Kübelsitzaufbaues den Konstrukteuren vollständig freie Hand. Wir erhalten in den nächsten Tagen ausführliche Zeichnungen, welche über die seitens des Heeres-Waf- fen-Amtes geforderten Abmessungen der Sitze, des Radraumes, der Windschutzscheibe, des Verdecks usw. Aufschluß geben.

Bei der Besprechung im Heeres-Waffen-Amt ergibt sich, daß an der Entwicklung des Volkswagens mit 2 Mann und einem Maschinengewehr nach amerikanischem Vorbild die Truppe wegen des niedrigen Aufbaues besonders interessiert ist, da es ein solches Fahrzeug mit Heck-Motor und niedriger Chassis-Höhe bisher noch nicht gibt.

Die Techniker des Heeres-Waffen-Amtes glauben aber, dem amerikanischen Vorschlag keine große Bedeutung beimessen zu können. Aus diesem Grunde nimmt Liese nach vorheriger Rücksprache mit Dr. Porsche sofort Verhandlungen mit dem Chef der SS-Leibstan- darte Adolf-Hitler, SS-Obergruppenführ.er Dietrich, auf, der die Entwicklung eines solchen Fahrzeuges ebenso begrüßt, wie dieTruppe. Es ist die Möglichkeit geboten, mit den zuständigen Stellen der Leibstandarte Adolf Hitler einen solchen Aufbau versuchsweise durchzuführen und auf seine Verwendung hin zu prüfen.

SS-Obergruppenführer Dietrich sieht die Bedeutung dieses Wagens besonders in folgenden Punkten:

1. Geringe Bauhöhe,
2. leichtes Gewicht,
3. große Stückzahl,
4. geringe Umbaukosten vom normalen Fahrzeug zum Kriegsfahrzeug,
5. verschwindend geringe Gesamtkosten gegenüber dem bisher von der Wehrmacht entwickelten Fahrzeug.

Der Vorschlag des Herrn Dr. Porsche für die Geländebereifung des Volkswagens dieselbe Felgengröße zu verwenden, wie beim normalen Reifen, wird vom Heeres-Waffen-Amt anerkannt. Maßgeblich für die Gründe sind die große Stückzahl des VW sowie die Materialersparnis. Aus beiden Gründen ist es unter keinen Umständen zulässig, eine andere Felgengröße für Wehrmachtszwecke zu verwenden.

gez. Liese, SS-Hauptsturmführer.«

Die Sache mit dem Militär-VW, der unter dem Namen VW-Kübelwagen in die Geschichte des Zweiten Weltkrieges eingeht, rollt immer schneller. Schon am Dienstag, dem 1. Februar 1938, wird der Volkswagen in Berlin-Grunewald, Tauberstr. 1, dem Chef des Heeres-Waffen-Amtes, General der Infanterie Liese, vorgeführt. Anwesend sind dabei:

Dipl.-Ing. Ministerialdirigent Poller und der Adjutant des Generals, Major Herfurth, vom Prüfwesen 6 der Chef der Abteilung Oberstleutnant Fichtner, vom Heeres-Waffen-Beschaffungsamt Oberst Stud und Oberst Zuckertort.

Am Nachmittag des 1. Februar findet eine Besichtigung im Heeres-Waffen-Amt durch den General der Artillerie, Professor Dr. phil. h. c. Dr.-Ing. Becker, dem Leiter des Prüfwesens beim

Heeres-Waffen-Amt statt. Ferner sind zugegen: Adjutant des Generals, Major Dipl.-Ing. John und Major von Kolb.

Am Mittwoch, dem 2. Februar 1938, startet eine Probefahrt mit Herrn General Becker und seinem Adjutanten Major John zum Truppenschießplatz nach Kummersdorf.

Anschließend an diese Vorführung vor General Liese werden die Fahrzeuge dem General der Panzertruppen Lutz in Berlin W 35, Kurfürstenstr. 78, vorgeführt.

Der Zeit der fieberhaften Versuche folgen Arbeit, unzählige Probefahrten und Besprechungen. Anfang November 1938 ist es endlich so weit: »Am Donnerstag, dem 3. 11. 1938« – notiert SS-Hauptsturmführer Liese – »wird das erste Versuchsmodell des Kübelsitz-VW im Heeres-Waffen-Amt vorgeführt.

Zugegen sind:

General Becker, der Referent für Aufbauten im HWA und andere Herren. Mit dem ersten Modell waren die Herren des Heeres-Waffen-Amtes einverstanden. Änderungen bzw. Wünsche wurden auf Anfrage nicht vorgetragen.«

Es wird vereinbart, daß Versuchsfahrten im Gelände baldmöglichst erfolgen sollen.

Zur Durchführung von Vergleichsfahrten im Gelände wird am Montag, dem 14. November, in Münsingen ein Einheits-PKW (Vierrad-Antrieb, Vierrad-Lenkung) zur Verfügung stehen. Beide Fahrzeuge werden gemeinsame Versuchsfahrten im Gelände durchführen.

Damals hieß dieser Wagen-Typ im amtlichen Sprachgebrauch noch Kübelsitz-VW. Die Sitze im kastenartigen Mannschaftswagen – dem heutigen Schalensitz ähnlich – nannte man anfangs Kübelsitze, und erst das Landser-Latein machte aus dem Kübelsitzwagen einfach
den Kübelwagen. Porsche, dem es nicht gegeben war, dem Volk einen Wagen zu bauen, sorgte wenigstens dafür, daß die Feldgrauen mit seinem VW-Kübelwagen einen vorzüglichen, leichten Gelände-PKW bekamen. Zwar hat der Kriegswagen keinen Allrad-Antrieb, doch seine Bodenfreiheit, die einfache, aber robuste durchgehende Karosserie samt Heckmotor lassen diesen Nachteil leicht vergessen. Und Porsche ist der erste, der auf die Idee kommt, daß ein Geländewagen keineswegs ein schweres und kompliziertes Vehikel sein muß. Im Gegenteil, ein einfacher, leichter Wagen hat viel mehr Überlebenschancen. Auch derbeinahe zierlich wirkende, luftgekühlte Ein-Liter- Motor erweist sich als völlig richtig.

»Im Krieg ist Luftkühlung gut, denn im Krieg wird geschossen, und es können Löcher im Wasserkühler entstehen. Und wenn beim Luftgekühlten etwas nicht stimmt, dann läuft der Motor ungekocht weiter und duldet still in sich hinein.« – meint der große Meister.

Die VW-Wehrmachtsausführung, den Kübelwagen, stellt man erstmalig dem Publikum auf der Wiener Messe 1939 vor. Der neue, für die Bedürfnisse der Wehrmacht entworfene VW- Geländewagen bekommt die Porsche-Typenbezeichnung »62«. Die Prototypen des VW-62, im Jahre 1939 gebaut, mit 3- bzw. 4sitzigen offenen Aufbauten wiegen 642 kg, jedoch ist das OKH trotz der größeren Bereifung (5,00-18) mit ihrer Geländegängigkeit nicht ganz zufrieden. Erst die von Porsche weiterentwickelte Ausführung VW-82, der in seiner endgültigen Form bekannte Kübelwagen, besitzt eine größere Bodenfreiheit. Durch den Einbau eines Zwischengetriebes an den Hinterrädern wird die Gesamtübersetzung entscheidend geändert, auch ein Sperrdifferential ist vorgesehen. Das Gesamtgewicht ohne Last: 750 kg. Dieses seltsam anmutende Automobil, das, ab 1940 gebaut, seinen Namen »Kübelwagen« zu Recht trägt, ist ein offenes, kastenförmiges Fahrzeug mit VW-ähnlicher, abgeflachter Vorderpartie, auf die man das Ersatzrad montiert hat. Der Porsche-Kübel- und -Schützenwagen bewährt sich als das glänzendste Kriegsauto. Der luftgekühlte Porsche-Motor (mit einem Ölkühler versehen, den bis dahin nur hochwertige Sportfahrzeuge aufwiesen) kann in Rommels Wüste nie zu heiß, in der Halbarktis Nordnorwegens und in den russischen Winterschlachten nicht zu kalt werden. Der Frostschutzmittel-Nachschub wird dadurch überflüssig, und der Wagen ist selbst in den Gefilden Rußlands noch einsatzbereit, wo es kein Kühlwasser mehr gibt.

Daß sich die Wehrmacht bei der Wahl ihres Standardfahrzeuges nur zögernd für den Kübelwagen entscheidet, liegt nicht zuletzt an dem starken Druck, den die Automobilhersteller zur Wahrung ihrer Anteile am Rüstungsgeschäft auf sie ausüben. Keiner von ihnen will sich mit einem Monopol des staatseigenen Volkswagenwerkes für Militärpersonenfahrzeuge abfinden. So z. B. Carl Borgward, Inhaber der gleichnamigen Automobilfabrik, Wehrwirtschaftsführer für Norddeutschland und damit Herr über die gesamte Produktion von Wehrmachtsfahrzeugen in Niedersachsen, befürchtet durch eine Typenbeschränkung die Lahmlegung seines Betriebes.

Als der Krieg ausbricht liegen weder bei der Werksleitung in Wolfsburg noch in Berlin Pläne bereit, das Werk der Kriegsführung nutzbarzu machen. In dem Glauben an einen baldigen Sieg zögert man mit dessen Umstellung auf Rüstungslieferungen und wartet auf das Anlaufen der Volkswagenproduktion.

Nun, als endlich das VW-Werk 1940 zu produzieren beginnt, werden – so die Ironie des Schicksals – die rechteckigen Kübelwagen- Aufbauten in der Berliner Ambi-Budd Fabrik, einer Tochterfirma des gleichnamigen amerikanischen Konzerns, hergestellt. Nur das Kübelfahrgestell baut man in einer der Ecken des monströsen VW-Werkes, da in den anderen Sektoren Minen, Fertigteile für Ju 88-Bomber und allerlei Kriegszeug angefertigt werden, wie z. B. 1,5 Millionen Behelfs-Heizöfen, an denen sich die Landser im bitterkalten Rußland wärmen können.

Dann setzen alliierte Luftangriffe ein. Das Werk, ohne jeden Schutz oder Tarnung im flachen Land erbaut, bietet am Mittellandkanal, mit seinen wuchtigen, markant rechteckigen Werkhallen eine wahre Zielscheibe für Bombenflugzeuge.

Eine Gutachterkommission des Strategischen Bomberkommandos der USA, die nach der deutschen Kapitulation das Kriegspotential des Volkswagenwerks und seine erlittenen Bombenschäden untersucht, stellt dabei fest, daß »bei Kriegsbeginn weder die Werkleitung noch die zuständigen Behörden in Berlin Vorkehrungen getroffen haben, das Werk der Kriegsführung nutzbar zu machen. Die Reichsregierung rechnete allem Anschein nach mit einem kurzen Krieg und beschloß daher, das Werk und seine Einrichtungen für die Nachkriegsproduktion von Kraftwagen in seinem damaligen Zustand zu belassen. Das geht auch daraus hervor, daß in dem Werk – wie etwa 1941 – die Kapazität nur zu 20 bis 25% ausgenutzt wurde. Den ganzen Krieg über hat man es zu keiner Zeit mit mehr als 50% Produktion belegt«.

Genau besehen, stellte es erstaunlich wenig Wehrmachtsfahrzeuge her. Von 1940 bis 1945 kamen etwa 55 000 VW-Kübelwagen und 15 000 VW-Schwimmwagen aus Wolfsburg. Phase des Krieges auch nur annähernd seine Das Volkswagenwerk erreichte während keiner volle Produktionskapazität.

Griechenland, Sommer 1941: Die Kfz-Schützen-Einheit des DAK auf der Fahrt durch das Städtchen Elevsis in der Nähe von Athen.

Griechenland, Sommer 1941: Ein Erinnerungsfoto von der Geländefahrtübung. Im Tal das Städtchen Megara.

Reichsgebiet, Sommer 1941:
Der nagelneue VW-82 eines Geschwader-Kommandeurs.

Nord-Afrika, Libyen, Herbst 1941: Einer der seltenen besinnlichen Augenblicke während der Einsatzpause. Die beiden Soldaten sind in ihre Brieflektüre vertieft. Der VW-82/trop ist mit Kronprinz-Sandreifen und Radzierkappen ausgestattet. Das Ersatzrad auf dem vorderen Kastenteil ist der Glätte nach eher einem Schlauch ähnlich. Der Buchstabe R auf dem rechten vorderen Kotflügel steht für die 2. Fallschirmjäger-Division.

Nord-Afrika, Libyen, Herbst 1941: Plauderei am Rande der Wüstenstraße. Der Innenanstrich der vorderen rechten Seitentür zeigt am besten den Unterschied zwischen der üblichen dunkelgrauen Tarnfarbe des Heeres und dem sandgelben Tarnanstrich des DAK.

Irgendwo in der Cyrenaika, September 1941: Eine kurze Rast für Mensch und Wagen inmitten der Wüste. Ein VW-Kübelwagen 82/trop.

Nord-Afrika, Spätherbst 1941: Ein VW-82 Kübelwagen. Links auf dem Türblech das Zeichen des DAK. Man sieht besonders gut die beiden Türgriffe und -Scharniere, Karabinerhalter, Scheibenrahmen und das Verdeckgestell mit Überzug.

Nord-Afrika, Libyen, Herbst 1941: Geschäfte an der Wüstenstraße. An der linken Seite des vorderen Kastenteils neben der Windschutzscheibe die Halterung des Suchscheinwerfers.

Nord-Afrika, Libyen, Herbst 1941: EinVW-82 neben einem Luftwaffenstützpunkt unweit des Städtchens El Nofila. Rechts ein erbeuteter Citroen 11 CV Normale, Baujahr 1938.

Nord-Afrika, Libyen, Herbst 1941: Verschnaufpause für die Soldaten und den VW-82 am Rande des Schlachtfeldes. Auf dem hinteren Sitz eine Kiste mit Spatenbräu Bier aus München.

Nord-Afrika, Libyen, Herbst 1941: Ein VW-82 der Luftwaffe. Über dem vorderen und hinteren Kotflügel dienachträglich angebrachten Halterungen für den 20-Liter-Einheitskanister und einen Spaten. Im Hintergrund eine für das DAK lebensnotwendige Einrichtung: Die Feld-Instandsetzungswerkstatt.

Nord-Afrika, Cyrenaika, Herbst 1941: Die Besatzung eines VW-Kübelwagens posiert für ein Erinnerungsfoto.
Auf dem Ersatzrad das Fliegererkennungszeichen, am linken Kotflügel das nachträglich montierte Gestell für den 20-Liter-Einheitskanister.

Nord-Afrika, südlich von Tripolis, Herbst 1941: Ein Kübel-VW mitten auf dem Gebel-Nefusa-Plateau. Der Hirtenjunge bestaunt das Gewehr K 98 b.

Nord-Afrika, Libyen, Herbst 1941: Der VW-Kübelwagen Typ 82 vor einem Verwaltungsgebäude am Rande der Wüste.

Nord-Afrika, Libysche Wüste, Herbst 1941: Ein Kübelwagen der Luftwaffe mit Sandrädern fährt eine Düne hinunter.

Raum Kiew, Herbst 1941: Rast auf dem Vormarsch. In der Mitte ein VW-82, links ein schwerer Einheits-Pkw, rechts ein Kübelwagen Horch, Typ 830 R.

Ostfront, Herbst 1941: Selbst die Räder des Kübelwagens drehen auf der vom Regen aufgeweichten Rollbahn durch.

Ost-Feldzug, Südfront, Herbst 1941: Der hohe Besuch ist mit einem VW-82 im Schlamm steckengeblieben. Rumäniens Marschall Antunescu bei einer Inspektionsfahrt.

4

Die ganze Großdeutsche Presse von der Maas bis an die Memel, von der Etsch bis an den Belt bejubelt den VW-Kübelwagen. Selbst im kleinen Asch, im Sudetenland, erscheint am 9. 8.1941 in der dortigen »*Ascher Zeitung*« der Aufsatz eines begeisterten Redakteurs:

»*Der geländegängige Volkswagen im Einsatz*«

Der KdF-Wagen - auf Wunsch des Führers geschaffen, um jedem schaffenden Deutschen Erholung und Freude zu bringen - hat jetzt im Kriege bei der Wehrmacht als gelandegängiger Volkswagen neue Aufgaben gefunden. An allen Fronten hat er seine viel gepriesenen Fahreigenschaften nicht nur bewiesen, sondern bei weitem übertroffen. Wochenschau, sowie Bild- und Wortberichte der Propagandakompanien zeigen ihn im Einsatz und allen Soldaten, die ihn kennen, ist er ein unentbehrlicher guter Kamerad geworden.
»...Vorbei hasten wir an Kolonnen. Der Volkswagen brummelt und pruscht brav seinen Weg. Der Volkswagen, luftgekühlt, klein, zäh, mit dem wüstenfarbenen Anstrich, mit dem Motor hintendrein, bewährt sich hier einzigartig und frißt, was die Wüste ihm entgegenwirft; schnauft, spuckt einmal, aber er wird mit allem fertig, und wir klopfen ihn am Abend auf die Krippe, wie er es verdient hat und wie es jedermann in Deutschland wissen soll. Fahr mit ihm wohin Du willst, mein Junge. Wischst Du ihm den Sand aus Hals und Röhren, spürt er deine gute Hand – er läßt dich nicht im Stich.« So schreiben unsere Kriegsberichter über ihre Erlebnisse mit dem Volkswagen in der Wüste. Ihre Berichte sind zugleich der beste Beweis für die wirkliche Volkstümlichkeit und Beliebtheit unseres Volkswagens.
Ob auf den Straßen der Heimat oder im tiefsten Sand der libyschen Wüste, überall hat der KdF-Wagen als geländegängiger Volkswagen seine Bewährungsprobe vorzüglich bestanden. Luftgekühlter Motor, leicht und doch stabil, das sind die wichtigsten Eigenschaften, die ihn auch in der Hitze Afrikas zum besten Kameraden der Soldaten werden ließen, denn die schwierigen klimatischen und Geländeverhältnisse in Afrika erfordern nicht nur den ganzen Mann, sondern vor allem auch erstklassige Kraftfahrzeuge, um die gewaltigen Strek- ken in der unwegsamen und unendlichen Wüste schnell und sicher bezwingen zu können. Natürlich mußte der KdF-Wagen im Kriegseinsatz auch sein schönes Kleid ablegen und sich den Bedürfnissen der Wehrmacht, die in erster Linie Zweckmäßigkeit vorschreiben, anpassen. Auch er hat das feldgraue oder wüstenfarbige angelegt. Auf den ersten Blick scheint er

dem KdF-Wagen gar nicht ähnlich zu sein, aberdies ist nur äußerlich. In Konstruktion und Anordnung aller Teile ist er bis auf geringfügige Abänderungen der alte geblieben. Eine dieser Veränderungen ist die erhöhte Bodenfreiheit, die 29 Zentimeter beträgt gegenüber 22 Zentimetern beim KdF-Wagen. Diese Maßnahme trägt besonders dem unwegsamen Gelände Rechnung, er kann sich also nicht so leicht festfahren.

Die Einfachheit seiner Konstruktion hat sich an allen Fronten als ideal bewiesen, da sie eine schnelle und mühelose Auswechslung aller Einzelteile ermöglicht, falls dies einmal erforderlich sein sollte. Trotz der außergewöhnlichen Beanspruchung im Dienste der Wehrmacht genügt der kleine Ein-Liter-Viertaktmo- tor, der auch bei höchster Belastung des Wagens - 4 Mann mit Ausrüstung - nur 8 Liter Kraftstoff auf 100 Kilometer verbraucht. Von ganz besonderer Bedeutung im Einsatz in Afrika ist aber seine Luftkühlung. Sie macht den Wagen wirklich »unverwüstlich«, denn gleich, ob bei 40, 50 oder mehr Grad Hitze, er dreht unentwegt seine 3000 Touren, ohne sich heißzulaufen. Was es bedeutet, in der Wüste kein Wasser für den Wagen mitführen zu müssen, wird jeder, auch wenn er Afrika und die Gefahren der Wüste nicht kennt, beurteilen können.

Unser KdF-Wagen, der in den Zeiten des Friedens über 3 Millionen Versuchskilometer im verschiedensten Gelände zurücklegen mußte, ungeheuren Zerreißproben ausgesetzt wurde und dann erst nach restloser Bewährung für die Serienproduktion freigegeben wurde, hat sich als das beste Gebrauchsfahrzeug erwiesen. Eine Tatsache, die nicht nurden Konstrukteur, sondern vor allem auch die Sparer des KdF-Wagens mit Stolz und Beruhigung erfüllen kann, da sie so die absolute Gewißheit haben, daß ihnen bei Beendigung des Krieges, wenn die Serienproduktion für die zivilen KdF-Wagen aufgenommen wird, ein Fahrzeug ausgeliefert wird, das den letzten Erfahrungen der Automobilwirtschaft entspricht und das in seiner Haltbarkeit unerreicht ist. Dies ist aber auch die Grundbedingung für einen Wagen, der wirklich ein Volkswagen sein soll, denn hier muß mit dem Vermögen des einzelnen Volksgenossen gerechnet werden, der es sich nicht leisten kann, jedes Jahr seinen Wagen zu wechseln. Durch den Krieg ist die Produktion des KdF-Wagens zurückgestellt worden, da das Volkswagenwerk, wie jeder andere deutsche Betrieb, seine Arbeit auf vordringliche Bedürfnisse einstellen mußte. Überall, wo deutsche Truppen eingesetzt werden, auch der geländegängige Volkswagen mit dabei ist. Flink, zuverlässig und mit großer Wendigkeit erfüllt er seine Aufgaben. Das ist das Geheimnis unseres erfolgreichen Kampfes: wir haben nicht nur die besten Soldaten der Welt, sondern die unermüdlich schaffende Heimat stellt ihnen auch die besten Kampfmittel der Welt.« Mit dem Ukas des »Generalbevollmächtigten für das Kraftfahrzeugwesen« Generalmajor von Schell vom 1. November 1941 wird die Produktion »sämtlicher Sonderkonstruktionen der Wehrmacht auf dem Gebiet der Räder-Kfz.« ausgemerzt und durch den VW ersetzt. Somit verbleibt der Volkswagen mit seinen zahlreichen Abwandlungen im Typenprogramm der einzige PKW. Zur Aufnahme der verschiedenen Einbausätze des VW wird schon mit Order vom 2. 8. 1940 eine Verbreiterung des Aufbaues um 60-80 mm gefordert.

Unter der offiziellen Bezeichnung »leichter Personenkraftwagen (Kfz. 1) mit Fahrgestell des 1e Pkw K 1 Typ 82 Grundfahrzeug« liefen folgende Abarten:

viersitziger Mannschaftswagen (Kfz. 1) viersitziger Vermessungswagen (leichter Meßtruppkraftwagen – Kfz. 3) dreisitziger Funkwagen (Funkkraftwagen – Kfz. 2)
zweisitziger Verwundeten-T ransportwagen (für 1-2 Verwundete) zweisitziger Sirenenwagen zweisitzige Panzerkampfwagen-Nachbildung. Auf sie ist immer Verlaß, denn wo die Geländefahrzeuge von Horch und Tatra nicht mehr anspringen, schnurrt der Porschemotor, kaum daß sich der Anlasser fünfmal gedreht hat, und erwärmt sich, wiederum dank seines raffinierten Kühlsystems, ohne Schwierigkeit auf günstige Betriebstemperatur.
Alle Ausführungen, im Volkswagenwerk von Wolfsburg gebaut, erhalten ab März 1943 (Motornummer 020000) den vergrößerten Motor mit 1131 ccm, während der ursprüngliche VW-Motor nur 998 ccm aufweist. Damit werden nun die vom Heeres-Waffen-Amt als unterste Leistungsgrenze für Militärfahrzeuge festgelegten 25 PS erreicht.
Die zahlreichen Kfz.-Instandsetzungsdienste übernehmen die technische Aufsicht der VW-Kübelwagen. Die erst im Kriege aus einer Improvisation heraus geschaffene Organisation der Kfz.-I.-Dienste erweist sich als überaus leistungsfähig und trägt viel zur Sicherstellung der Einsatzbereitschaft aller Truppen-Kraft- fahrzeuge bei. Jedoch macht sich überraschenderweise ständig ein erheblicher Mangel an Kfz.-Schlossern unangenehm bemerkbar. Dab^i stellt sich heraus, daß jene Kfz.-Handwerker sich am besten für die Truppe eignen, die ihren Zivilberuf in kleineren Ortschaften ausgeübt haben, weil sie es gewohnt sind, selbständig jede Situation zu meistern. Wäh
rend sie nur zu oft in bespannten Einheiten oder an Stellen zu finden sind, wo ihre Kenntnisse überhaupt nicht verwendet werden können, muß man zahlreiche junge Rekruten in eigens dafür organisierten Schnellkursen notdürftig zu Kfz.-Schlossern ausbilden. Die schlechte Ersatzteillage bie allen Kfz.-I.-Diensten ist nur durch Erfahrung und Selbsthilfe einigermaßen auszugleichen. Die vielen, den ganzen Krieg hindurch nebeneinander laufenden Fahrzeugtypen erschweren die Beschaffung und Lagerhaltung von Ersatzteilen, und die starke Beanspruchung der Wagen unter feldmäßigen Bedingungen führt wiederum zu einem enormen Ersatzteil bedarf.
Am 23. Oktober 1942 gibt man im Reichsgesetzblatt die Stiftung *des rungs-Abzeichens* bekannt. Obgleich die Verordnung nur fünf kurze Artikel umfaßt, zeigt die im dritten Kriegsjahr erfolgte Stiftung, welche Anforderungen an alle diejenigen gestellt werden, die mit ihren Fahrzeugen im Einsatz sind. Nicht nur das Führen der Kraftfahrzeuge, sondern auch deren Pflege und Wartung gehören zu den Pflichten dieser Männer.
Das Abzeichen, als Anerkennung für den Kriegseinsatz besonders bewährter Kraftfahrer in den drei Stufen Gold, Silber und Bronze, wird in der Mitte des linken Unterärmels getragen.

Die Voraussetzungen für die Verleihung: »Einsatz ab 1. Dezember 1940 in den Gebieten des ehemaligen Jugoslawien, Griechenland, in Bulgarien, Rumänien, im Gebiet ostwärts der russischen Westgrenze 1940 (vor Eingliederung der Baltischen Staaten durch die Sowjetunion), in Finnland, Norwegen nördlich des Polarkreises oder im Gebiet der in Lappland eingesetzten deutschen Truppen und in Afrika.« Die Vorgeschlagenen müssen sich unter besonders schwierigen Bedingungen bewährt haben: als Kradmelder an 90 Einsatztagen, als Fahrer von Gefechtskraftfahrzeugen an 120, als Fahrervon

Kraftfahrzeugen derTrosse I und II, Kolonnen und Stäbe an 150, als Fahrervon Kraftfahrzeugen der Versorgungstruppen an 165, als Kraftfahrer sonstiger Dienststellen und Einheiten der Wehrmacht an 185 Einsatztagen. Als Einsatztage gelten bei Vorliegen erschwerter Unterbringungs- und Instandsetzungsverhältnisse z. B.: Fahrten unter Feindeinwirkung, besonders große Tagesleistungen an Strecke und Fahrzeit oder besonders schwierige Wegeverhältnisse oder Einsätze unter ungewöhnlich harten klimatischen Bedingungen.

Das Kraftfahrbewährungsabzeichen wird nicht nur an Wehrmachtsangehörige, sondern auch an der Wehrmacht unterstellte Nicht-Wehrmachtsangehörige, ferner an ausländische Freiwillige, sowie an »Freiwillige fremder Volksstämme aus den Ostgebieten - auch an entlassene Kriegsgefangene - soweit diese unter dem Befehl der Deutschen Wehrmacht im Rahmen bzw. in Verbänden der Deutschen Wehrmacht kämpfen« verliehen. Eine Verleihung an Wehrmachtsangehörige verbündeter oder befreundeter Länder ist nicht statthaft. Die Verleihung der nächsthöheren Stufe setzt jeweils die nochmalige Erfüllung der geforderten Bedingungen voraus.

Nord-Afrika, Herbst 1941: Eine Kraftfahrzeug-Instandsetzungswerkstatt des DAK. Die Vorderachse des an einem Hebegerüst aufgehängten VW-82 wird von dem Mechaniker überprüft.

Frankreich, Herbst 1941: Dr. Ley, Leiter der Deutschen Arbeitsfront (DAF),aus dessen Geheimfond das 120 Millionen RM Projekt des VW-Werks in Wolfsburg-Fallersleben finanziert wurde, startet zu einer Inspektionsreise entlang der Kanal- und Atlantikküste. Der werksneue VW-82 des Reichsministers hat eine extra Einrichtung: Der Kraftstoff-Einfüllstutzen ist mit einem Hängeschloß versehen.

Frankreich, Herbst 1941: Der VW als Rednertribüne. Dr. Ley spricht vor der versammelten Besatzung eines Kriegsmarine-Stützpunktes.

Frankreich, Herbst 1941: Der VW-Kübelwagen mit Reichsminister Dr. Ley trifft im Kriegsmarine-Stützpunkt Brest ein.

Frankreich, Herbst 1941: Nach der Besichtigung des Kriegshafens von Brest geht die Fahrt im VW-82 weiter.

Nord-Afrika, Winter 1941/42: Der VW-82/trop mit Sandreifen auf einer Wüstenstraße. Der hochgeklappte Deckel ermöglicht einen Blick in den Motorraum. Man sieht unter anderem die Kraftstoffpumpe, den Wirbel-Luftfilter und das Anschlußrohr für den Luftfilter. Unten das Abdeckblech mit Öffnung für die Andrehkurbel. Links unter dem Zughaken der Rückstrahler mit Pendel. Über dem Kotflügel das Abstand-Rückgerät Nova 1-2 A. Oben an der rechten Seite des 55 Motorrahmens neben der Schlußleuchte das nachträglich eingebaute Haltegestell für den 20-Liter-Einheitskanister.

Nord-Afrika, Tripolis, Winter 1941/42: Feldmarschall der Luftwaffe, Albert Kesselring, auf einer Inspektionsreise mit dem VW-82, hinten.

Reichsgebiet, Winter 1941/42: Die Kraftfahrzeugkolonne einer motorisierten Einheit in Marschordnung am Rande einer Landstraße abgestellt.

Nord-Afrika, Libyen, Januar 1942: Links ein VW-82 der Feldpost. Rechts der »große Bruder«, der 81 Zugkraftwagen vom Typ Krauss-Maffei KMm 11 (Sd. Kfz. 7).

Nord-Afrika, Winter 1942: Südlich von Port Brega ging dem »Weibele« die Luft aus. Der hintere Sandreifen des Kronprinzrades (200-12) wird aufgepumpt. Auf dem Vorderrad dagegen der Einheitsreifen (5,25-16).

Jugoslawien, Winter 1942: Eine Kraftfahrzeugkolonne im Partisanengebiet bei Sarajewo. Vorn ein VW-82 mit dem Ersatzrad im Schutzüberzug.

Über dem Mittelmeer, Frühjahr 1942: Eine recht unalltägliche Fahrt mit dem VW-82/trop im Stauraum einer Ju 52/3m. Der Kübelwagen ist mit Sandreifen Kronprinzrad (200-12) ausgestattet, die vier Insassen deutsche Afrika- Korps-Soldaten mit Schwimmwesten.

Nord-Afrika, Libyen, Frühjahr 1942: Ein VW-82 Kübelwagen vor einer wichtigen Straßenkreuzung in der Wüste unweit Maratuba. Rechts geht es, laut Wegweiser, unter anderem zu einem Stukageschwader, zu dem Gefechtsstand eines Regiments und zum Jagdgeschwader Wal denga.

Nord-Afrika, Libyen, 1942: Der VW-82/trop eines Nachrichtentrupps rollt mit Vollgas durch die Wüste.

5

Im Jahre 1941 läuft die Erprobung der VW-Modelle weiter. Der Bericht des *Ing.* eines der Neffen des Prof. F. Porsche, und zugleich der Bruder von Porsches Privat-Se- kretär, Ghislaine Kaes, vermittelt einen interessanten Einblick in eine der ausgedehntesten Versuchsfahrten während der ersten Halbzeit des Zweiten Weltkrieges: »Da die vorgesehene Erprobung der Fahrzeuge in Libyen durch Transportschwierigkeiten nicht unternommen werden konnte, startete die Kraftfahrversuchsstelle Kummersdorf in der Zeit vom 2. August bis 30. September 1941 zu einer Probefahrt durch das Protektorat, Ungarn, Jugoslawien, Bulgarien, Griechenland und Rumänien. Der für die Balkanerprobung vorgesehene KdF- Wagen nahm laut mündlicher Vereinbarung mit dem Heeres-Waffen-Amt WA Prüf 6 an der vom HWA veranstalteten Balkanerprobung von Rad- und Kettenfahrzeugen teil. Um Schwierigkeiten bei Grenzübertritten auszuschalten, wurde der Wagen mit einer Wehrmachts-Nummer WH-0204722 ausgerüstet. Der benötigte Brennstoff und das öl stellte das HWA.

Die Kolonne bestand einschließlich der KdF-Limousine, zwei Kübelwagen Typ VW 87 und zwei vom Typ VW 82 aus 43 Radfahrzeugen. Der KdF-Wagen wurde auf allgemeine Tauglichkeit und etwaige Abänderung für den Verkauf in den Balkanstaaten erprobt.

Die Limousine, die auf der Versuchsfahrt insgesamt 12 986 km zurückgelegt hat, wurde zum größten Teil von Herbert Kaes gesteuert und etwa 3000 km von Fahrern der Vers.Kraft, Kummersdorf.

Erprobt wurden Pkw, Lkw und Motorräder sämtlicher im Generalmajor v. Schell-Pro- gramm vorgesehenen Radfahrzeuge. Mit einem Bahntransport kamen noch Kettenfahrzeuge (Kampfwagen, Zugmaschinen, NSU-Ka- retten) zum Bestimmungsort nach Griechenland.

Das Kommando über die Balkan-Erprobung hatte Hauptmann Ing. Rieger. Zur Beobachtung waren Ingenieure als Sonderführer kommandiert, von der Kraftfahrversuchsstelle eingesetzt. Jede Firma beteiligte Vertreter und Monteure. Die Monteure, zugleich Fahrer, sind zur Balkanfahrt vom HWA als Soldaten eingekleidet worden.

Für den einen Monat dauernden Aufenthalt in Griechenland schlugen wir ein Zeltlager bei Aggia-Marina an der Nordseite des Golfes von Lamia, 15 km von Lamia entfernt, auf. Die Zelte für die Beteiligten und Werkstätten waren teils Versuchszelte, teils englische Beutezelte. Wegen der großen Hitze spannten wir jeweils über das eigentliche Zelt mit einem Abstand von 20 cm Planen, um die starken Sonnenstrahlen abzuhalten. Für die Herren der Industrie stand ein großes Zelt zur Verfügung, in dem ich selbst nicht geschlafen habe. Zusammen mit dem Vertreter von Fa. Saurer, Herrn Krankenhagen, hauste ich in dessen 2-Mann-Zelt. Zwar lagen wir beide nicht wie die anderen in Feldbetten, sondern nur auf einer Decke am Boden, dafür aber allein und ungestört. Da wir nie bei Dunkelheit Licht machten, waren wir lange nicht so den lästigen Stichen der Moskitos und sonstigen Mücken ausgesetzt wie die anderen, die jeden Abend bis spät in die Nacht Licht im Zelt hatten. Verpflegung gab es aus eigener Feldküche, oder wir gingen in die nächste Ortschaft essen. Wasser zum Trinken und Waschen wurde täglich in Einheitskanistern herangeholt. Wir haben alle gerne die Unannehmlichkeit des Zeitlebens in Kauf genommen, denn mit den Hotel-Quartieren hatten wir sehr schlechte Erfahrungen gemacht. In den Balkanstaaten darf man nur in großen Städten und hier im besten Hotel übernachten, sonst hat man bestimmt Ungeziefer aller Art. Während des einmonatigen Aufenthaltes in Griechenland regnete es nur einmal kurz, aber ungemein heftig.

Straßenverhältnisse

Die Straßenverhältnisse in den Balkanstaaten sind zum größten Teil sehr schlecht: alte, seit Jahren nicht mehr gerichtete Asphaltstraßen oder Staubwege mit nebeneinander liegenden Schlaglöchern und Steinen. Der Staub war so stark, daß der in Kolonne als 38. Fahrzeug hintereinem Panzerspähwagen laufende KdF- Wagen nur mit ständig eingeschaltetem Scheibenwischer fahren konnte. Die Fahrzeugabstände mußten bei der Kolonnenfahrt genau eingehalten werden. Auf der Fahrt nach und von Griechenland überwand die KdF-Limousi- ne mehrere Bergstrecken, etwa wie die Glöckner- oderTauernstraße. Bei den Rundfahrten in Griechenland lief der Wagen allein sechsmal hin und zurück über den Thermopylenpaß, der eine Gesamtlänge von 25 km aufweist und etwa 12-15% Steigung hat. Bei den verschiedenen Fahrten nach Athen, Delphi usw. fuhr das Fahrzeug nicht in Kolonne.

Streckenführung und Kilometerleistung

Anfahrt von Vers.Kraft Kummersdorf nach Griechenland über Protektorat – Ungarn – Jugoslawien - Bulgarien – zum Zeltlager bei Lamia	2 664 km
Rückfahrt von Zeltlager Lamia über Bulgarien – Rumänien – Ungarn – zur Vers.Kraft Kummersdorf	4 175 km
Rundfahrten in Griechenland	3 912 km
km-Stand des Fahrzeugs bei Abfahrt in Stuttgart	5 470 km
km-Stand des Fahrzeugs nach Beendigung der Balkanfahrt	16 221 km

Die KdF-Limousine hat sich im allgemeinen, trotz teilweise scharfen und hohen Fahrens sehr gut bewährt.
Verschiedene Herren der Industrie und des HWA, die kurze Strecken den Wagen selbst steuerten oder mitfuhren, waren voll des Lobes.

Brennstoff- und Ölverbrauch
Vergasereinstellung:

105 RD, 170 Luftzusatzdüse, 6 mm Düsenträger, 45 Leerlaufdüse, 21,5 0 Lufttrichter. Brennstoff-

verbrauch bei Kolonnenfahrt
auf guter Straße = 6,5 1/100 km
Brennstoffverbrauch bei Kolonnenfahrt
auf schlechter Straße = 7,5 1/100 km
Brennstoffverbrauch nicht in Kol.
gefahren auf guter Straße = 7,8 1/100 km
Brennstoffverbrauch nicht in Kol.
gefahren auf schlechter Straße = 8,2 1/100 km
Der Wagen wurde zum größten Teil mit voller Belastung gefahren, 1050 kg Gesamtgewicht. Mit dem in den Balkanstaaten getankten Brennstoff von 65-68 Oktan klingelt der Motor sehrstark. Nach Einbaueiner120HDundeines 5,3 mm Düsenträgers war ein Klingeln nur bei stärkster Belastung der Maschine zu hören. Diese Einstellung war etwa 3000 km eingebaut.

Ölverbrauch
Bei Anfahrt – Griechenland = 0,3 Liter/1000 km
Bei Rückfahrt (bis Weidenbach
ausgewertet, da hier Ölkühler-
dichtung defekt wurde)
= 0,75 Liter/1000 km

Motor
Verstaubung
Nach 4000 km Balkanfahrt Gummiabdichtung zwischen Motor und Aufbau stark mitgenommen, stellenweise eingerissen und aus Fassung gerissen. Motor verstaubt sehr.

Ansaugluftführung für Gebläse
Die serienmäßige Ausführung kann ohne weiteres beibehalten werden. Das Heranholen der gesamten Ansaugluft aus dem Wageninnern wurde nicht ausgeführt, da dies für die Serienausführung wegen des Motorgeräusches doch nicht in Frage kommen wird.

Filter
Der Einbau eines Ölsumpf-Filters ist unbedingt erforderlich. Bei Kolonnenfahrt im Staub nach 3000-3500 km Ölsumpf-Filter voll Staub. Fahrzeug allein gefahren, genügt alle 1000-1500 km Filteröl erneuern.
Da in den Balkanstaaten Kundendienstarbeiten recht mangelhaft und unregelmäßig ausgeführt werden, wäre der Anbau eines kleinen Filzbalgfilters zu empfehlen.

Ölverlust und Ölwechsel
Über 2/3 der Balkanfahrt Motor einwandfrei dicht. Ölverlust durch undichte Ölkühlerdichtungen bei 14 500 km-Stand des Fahrzeugs.

Saugrohr-Vorwärmung
Für Außentemperaturen von über 30° im Schatten ist, um Benzinpumpenstörungen zu verhindern, das Sperren der Saugrohrvorwärmung erforderlich. Bei Außentemperaturen unter 20° dagegen hat der Motor mit gesperrter Saugrohrvorwärmung schlechten Übergang. Zu empfehlen ist der Einbau einer regulierbaren Einstellung.

Verteiler
Stark verstaubt. Nach Aufsetzen einer Leinenschutzkappe einwandfrei abgedichtet.
Die Unterbrecherkontakte häufig angeschmort.

Zündkerzen
Bosch 175 TI Zündkerze in Ordnung. Versuchsweise eingebaute 145 T7 Kerzen zeigten nach kurzer Zeit starken Elektroden-Abbrand.

Zündkabel
Die Kabel werden durch die Motorwärme brüchig und schlagen durch. Einigemale Zündstörung durch defektes Kabel. (Spule zu Verteiler.)

Lichtmaschine

Stark verstaubt. Zweimal mit Pinsel gereinigt. Störungen traten nicht auf.

Keilriemen

Kunstseide-Riemen nach 11 500 km Laufdauer gerissen.

Beim Fahren über die steilen und langen Bergstraßen im Balkan macht sich die Kraftreserve des großen Motors (1130 m^3) angenehm bemerkbar. Da die Motoren in den Werkstätten bestimmt nicht eine so gewissenhafte Pflege wie in Deutschland erhalten und in diesen Staaten alle Fahrzeuge weit überladen gefahren werden, ist der Einbau des verstärkten Motors zu empfehlen.

Federung

Wagen schlägt an Vorder- und Hinterachse auf. Nach Einbau eines 4- und 5-Blattfederstabs in die Vorderachse, sowie 27 mm 0 Federstäben und doppeltwirkenden Stoßdämpfern in die Hinterachse Federung einwandfrei.

Bremse

Wirkung sehr gut. Am Ende der Versuchsfahrt zu weite Pedalluft. Bremse muß nachgestellt werden. Bremsbeläge gut.

Rahmen

Serienmäßiger Typ 82 Rahmen mit einfacher Verschweißung der Gewinderohre für Vorder- achsbefestigung. Um ein vollständiges Ausreißen der Rohre zu verhindern, wurden bei km-Stand 9713 der Rahmenkopf seitlich aufgebohrt und die Rohre elektrisch an beiden Seiten verschweißt. Die Auflageplatte für Vorderachse wurde nachgerichtet und wieder autogen verschweißt.

Sonstiges am Fahrgestell

Laufräder

Felgen stark verbeult.

Hintere Reifen nach 8000 km Gesamtlaufzeit Profil abgefahren. Reifen unbrauchbar.

Gegen Reifendurchschläge Luftdruck 1,6 atü hinten, 2,0 atü erhöhen.

Kraftstoffbehälter mit Leitung

Behälter wegen dauerndem Anschlägen des Hahn-Hebels an Spurstange etwa 5 cm höher gesetzt.

Brennstoffschlauch von Behälter aus Rahmen bei km 9145 eingerissen. Benzinbahn trotz Sieb über Rohre innen stark versandet. Störungen traten nicht auf.

Batterie

Nach 4000 km (seit Beginn der Versuchsfahrt) Batterie leer. Störungen traten nicht auf.

Aufbau

Verstaubung

Vorderer Kofferraum: Haubenabdichtung ungenau.

Motorraum: Gummiabdichtung zerstört. Staubeindringen ins Wageninnere bei den Armaturen. Abhilfe durch Einlegen eines durchgehenden Pappestreifens vor den Armaturen. Zugleich Schutz der elektrischen Anlage.

Die Türabdichtung schlecht ausgeführt (Erster Serienaufbau)

Türen - Fenster

Die Türfenster ecken, wodurch bei gewaltsamem Kurbeln der Kurbelapparat verbogen wird. Linkes Türfenster gebrochen, Zähne vom Zahnrad abgedrückt. Verbindungsstange von Türklinke verbogen.

Rechtes hinteres Seitenfenster aus Gummifassung gerutscht.

Sitze
Rücksitz hart.
Rückenlehne fällt dauernd samt Koffer nach vorn.
Abhilfe durch Anbringung zweier Riemen von rückwärtiger Aufbauwand zur Lehne.

Aufbaustoff
Der aufgeklebte Verkleidungsstoff löst sich von Aufbau.

Tachowelle
Gegen Beschädigung durch schwereTeile, wie Wagenheber usw. Welle im Kofferraum besser schützen.

Schlösser
Abschließbare Schlösser für Motor und vordere Deckelhaube im Balkan sehr zu empfehlen.

Kontrolle nach Versuchsfahrt Äußere Lackierung stark angegriffen.

Verstaubung
Am Radeinbau und sonstigen Schweißfugen dringt Staub ins Wageninnere. Lenksäule innen stark verstaubt. Lenkradlager ausgeschmiergelt. Aufbau im linken hinteren Radeinbau mitte Strebenanschlag eingerissen. Vorderteil unten durch Steinschlag verbeult.

Zuffenhausen 29. 11.41
Ks/Kr.«

Von den vier VW-Kübelwagen, die neben der VW-Limousine auf der »Balkan-Reise« getestet wurden, hatte man die beiden Fahrzeuge Typ VW 87, mit der Wagennummer 134 und 136, laut OKW-Auftrag vom 20. April 1941 für Tropenerprobung umgebaut. berich
tet: »Die Fahrzeuge wurden auf Tauglichkeit in großer Hitze, Staub und Fahreigenschaft erprobt.

Streckenführung, Kilometerleistung und Straßenverhältnisse

In elf Fahrtagen von Kummersdorf über Prag-Wien – Budapest – Neusatz – Belgrad – Nisch Sofia – Serres – Veria – Larissa – Lamis wu rde der Bestimmungsort erreicht und am Golf, 15 km von Lamis, ein Zeltlager aufgeschlagen. Von hier nun wurden die Fahrzeuge teils auf schlechtesten Straßen oder ausgesuchten Staubrundstrecken im Gelände gefahren. Die Straßen in den Balkanstaaten sind als Zufahrtswege von den Militärfahrzeugen so stark mitgenommen, daß die in Kolonne fahrenden Wagen sich vollkommen einstauben. Auf der Hin- und Rückfahrt nach Griechenland mußten mehrere Bergstraßen, in Länge und Steigung der Großglocknerstraße gleich, überwunden werden. Die Kolonne bestand aus 43 Radfahrzeugen.

Kilometerleistung der Fahrzeuge

km-Stand bei Abfahrt	km-Stand bei Rückkehr Kummersdorf
Wagen 87/2 = 21 285 km	31 753km
Wagen 87/4 = 34 727 km	38 441km

gefahrene km Wagen
87/2 = 10 468 km Wagen
87/4 = 3 714 km
(durch Unfall frühzeitig ausgeschieden).

Anfahrt nach Griechenland = 2600 km
Rückfahrt von Griechenland
Kummersdorf = 3400 km
Die Rückfahrt ging von Lamis aus über Veris Serres – Sofia – Trnova – Bukarest – Weidenbach – Mühlbach – Großwardein – Budapest Fürstenfeld – Gras – Holzkirchen – Hof – nach Kummersdorf.

Beobachtungen, Anstände und Abhilfe Motor: Kolben, Zylinder, Lagerabnützung

Nachdem die Fahrzeuge etwa 3000 km, davon 2600 km Anfahrt nach Griechenland, hinter sich hatten, wurden die Motore auf Sandeintritt kontrolliert. Im Schwimmergehäuse des Vergasers, sowie in den Düsen zeigte sich starker Sandansatz. Das Saugrohr war dick belegt mit ölgetränktem Sand (vom Wirbelölfilter). Auch das Motoröl, welches rund vor 1000 km erneuert wurde, war sehr sandhaltig.
Abhilfe und Ergebnis: An Wagen 87/2 wurde die Frischluftzuführung aus seitlichem Kofferraum angebaut. Eine wesentliche Besserung konnte nicht festgestellt werden, auch nicht an dem mit gleicher Frischluft ausgerüstetem Serien Typ 82, Wagen 2432. Nach dieser Beobachtung wurde Wagen 87/2 mit einem Filzbalg- Trockenfilter, der am linken hinteren Kotflügel befestigt und an den Wirbelölfilterangeschlossen wurde, ausgerüstet. Das Ergebnis war überzeugend gut. Im Wirbelölfilter war nach 300 km Fahrt im stärksten Staub praktisch keine Verdickung des Öles festzustellen. Die Vergaserdüsen, sowie das Saugrohr ohne jede Sandspur. Selbstverständlich müssen die Klemmanschlüsse vom Filzfilter zum Wirbelölfilter und von diesem zum Vergaser einwandfrei dicht angeschlossen sein. Da der am linken hinteren Kotflügel befestigte Filzbalg-Trockenfilter direkt im Bereich des aufgewirbelten Staubes der Hinterräder liegt und eine Anbringung des Filters am vorderen Kotflügel aus Zuleitungsschwierigkeiten kaum in Frage kommt, wäre vorzuschlagen, den Filter im Kofferraum seitlich oder unter den hinteren Sitz unterzubringen. Der Filter würde bestimmt in kleinerer Ausführung alsdererprobteseinen Zweck erfüllen. Beispielsweise in der Größe der Motorradfilter 250x150 mm von der Firma BMW.

Die Kolben- und Zylinder-Abnützungen schwanken zwischen 0,02 bis 0,03 mm. Die Haupt- und Pleuellager waren leicht riefig. Ein Vergleich zwischen den beiden Fahrzeugen, wobei Wagen 87/4 nur mit Wirbelölfilter und normaler Luftführung gefahren wurde, konnte nicht gemacht werden, da dieser Wagen bald wegen Unfall ausschied.
Die Ventile waren stark mit Sand belegt, haben aber durchweg noch gut getragen.

Verstaubung des Motors
Die Verstaubung des Motors konnte nach Anbau der Ansaugluftführung bedeutend vermindert werden. Leider ist die Gummiabdichtung zwischen Aufbau und Motorverblechung nach kurzer Zeit so zerstört, daß von unten viel Staub in den Motorraum eindringen kann. Die Motorhaube sollte auch besser abgedichtet werden. Um ein Verstopfen des Gebläses durch Papier, Putzwolle usw. zu verhindern, müßte ein Drahtgeflecht angebracht werden.
Beim späteren Zerlegen der Motore konnte festgestellt werden, daß die Kühlrippen vom Zylinder und Zylinderkopf aus dem Wagen mit Ansaugluftführung bedeutend weniger versandet waren als beim Motor mit normaler Luftführung. Die mit Sand verklebten Kühlrippen sind nach

Abheben des Gebläses leicht mit Hilfe eines Drahtes oder Schraubenziehers und Wasser zu reinigen.

Ölkühler
Häufig werden die Ölkühlerdichtungen undicht, wodurch hoher Ölverbrauch und starkes Verkleben des Ölkühlers, Zylinder und Zylinderkopf mit ölgetränktem Sand auftritt.

Vergaser, Brennstoffpumpe und Saugrohr
Die Abil-Dichtung zwischen Vergaser und Saugrohr schrumpft zusammen. Merklicher Leistungsabfall.
Beide Typ 87 hatten abgedichtete Drosselklappenachsen, die das Ausschlagen durch Sandeindringen verhinderten. Das Abschalten der Saugrohrvorwärmung ist für Temperaturen von + 35 bis 40° im Schatten unbedingt erforderlich, doch sollte das Abschalten mit Hilfe leicht verstellbarer Klappen möglich sein, um bei Temperaturunterschieden von tags etwa 35° im Schatten und nachts 15° Übergangsstörungen zu verhindern.
Brennstoffpumpenstörungen treten erst bei Ölsumpftemperaturen von 110-115° auf. Um diese Temperaturen zu erreichen, mußte mit unserem Wagen vollbeladen eine Bergstraße, in Länge und Steigung der Großglocknerstraße ähnlich, mit Vollgas befahren werden.
Bei Betätigung derHilfspumpewardieStörung sofort behoben.

Elektrische Anlage am Motor
Zündkerzen: starker Abbrand der Elektroden, mit Bosch-175 TI-Kerzen nach 1200 km 0,8 m/m.
Die Entstör-Kerzenstecker Bosch EM/W/10/40 halten nicht auf den Zündkerzen mit kurzem Gewinde.
Der Magneton-Magnet hat in der Anlaßdrehzahl schlechte Zündfunken, so daß das Anlassen recht erschwert war. Mit Batteriezündung springen die Motore auch besser wie mit dem Bosch-Magnet an.
Die Lichtmaschinen waren sehr stark verstaubt, doch traten keine Störungen auf.

Sonstiges

Ölverluste:
an oberer Gehäusetrennfuge; an Gehäusebohrung für Magnetbefestigung; durch Einlegen eines Gummidichtringes behoben,
an Lichtmaschinenauflage durch Beilegen einer Papierdichtung in Ordnung.

Einbau von Motor-Temperaturmesser:
die eingebauten Fernthermometer für Ölsumpf haben sich für die große Hitze als äußerst notwendig erwiesen. Der Fahrer sieht von Zeit zu Zeit auf den Temperaturanzeiger und läßt den Motor nicht überhitzen.

Motorklingeln:
die Motore haben alle, solange sie mit dem in Griechenland getankten Brennstoff von 65-68 Oktan liefen, stark geklingelt.

Getriebe
Das Fünfgang-Getriebe bewährt sich sehr gut, doch sollte der Geländegang ohne vorheriges Ausschalten des Vierganggetriebes einschaltbar sein. Die Fahrer vergessen dies und verbiegen dann mit Gewalt das Hebelwerk.
Bei 6000 km Fahrtleistung von Wagen 87/2 fraß der vierte Gang auf Triebling.
Bei Kontrolle des Unfallwagens 87/4 war die Büchse vom Rückwärtsgang ausgewalzt und der Bolzen angerieben.

Da das Getriebe verhältnismäßig wenig öl faßt und durch den alten Entlüfter, sowie häufig undichten Hinterachssimmeringen viel öl verliert, muß alle 2-3000 km das Getriebeöl nachgefüllt werden.

Hinterachse
Das Z. F., wie auch das Rheinmetall-Sperrdifferential, war nach der Balkanfahrt stark abgenützt. Die Befestigungsmutter der Bremstrommel lockert sich trotz gutem Sichern. Bei Kontrolle konnte festgestellt werden, daß die Laufradwelle mit aufgekeiltem Zahnrad (alte Ausführung) durch die lockere Bremstrommel stark angeschlagen war (Nutenprofil). Die Hinterachssimmerringe werden schnell undicht, was starken Getriebeölverlust, sowie bei verstopftem Ablaufrohr vom Schleuderring ein Verölen der Bremse herbeiführt.
Die Gleitsteine mit Gelenkwellenfaust waren an beiden Fahrzeugen leicht angerieben. Schlechte Schmierung des Differentials.

Vorderradantrieb
Bei Zerlegen des Vorderradantriebs von Wagen 87/4 nach Balkanfahrt zeigten der Triebling und das Tellerrad leichte Freßstellen an den Zähnen. Das öl war etwas mit Wasser durchsetzt.

Vorderachse
Lagerungen: An den Traghebel-, Achsschenkel- und Rundbolzenlagern traten keine Störungen auf. Lediglich die Bundbolzen wurden auf der gesamten Fahrt je zweimal nachgestellt.
Abdichtungen: Der Simmering wird nach kurzer Zeit undicht, was ein Verölen der Vorderradbremse mit sich bringt. Abhilfe durch bessere Abdichtungen und Einlegen eines Ölfangbleches, ähnlich wie an Hinterradbremse.

Die Ledermanschette gab keinen Anlaß zu Beanstandungen. Die Anschlaggummi für Vorderachse wurden durchgeschlagen und zur Seite gedrückt. Mit dem Einbau der neuen runden Anschläge wird dieser Fehler behoben sein.

Lenkung
An beiden Fahrzeugen brach nach einer Fahrtleistung von etwa 3500 km der Lenkhebel an der Lenkung. Die Bruchstelle war beide Male an der ersten Kerbe vom Befestigungsauge des Lenkhebels. Durch Verstärkung des Lenkhebels am Auge dürfte der Fehler behoben sein. Die nachträglich eingebaute Begrenzung des Federweges zur Lenkmutter hat sich gut bewährt.

Durch grobes Fahren mit Wagen 87/2 im Gelände hatten die Vorderräder 1 cm Nachspur. Ein Verdrehen der Lenkung auf dem Achsrohr konnte nicht festgestellt werden. Folglich müssen die Lenkschenkel nachgegeben haben.

Federung
Beide Fahrzeuge hatten vorn je einen Drei- und einen Vierblattfederstab, hinten 29 mm Federstäbe.

Bei voller Beladung schwingt der Wagen in der Vorderfederung und schlägt manchmal an der Hinterachse auf. Durch Einbau von härteren Stoßdämpfern in die Vorderachse und 29 mm 0-Federstäbe in die Hinterachse dürfte die Federung in Ordnung sein.
Die Gummitüllen der vorderen Stoßdämpfer werden ausgeschlagen.

Bremse
Solange kein Verölen durch undichte Simmeringe eintritt, ist die Bremse einwandfrei.

Laufräder
Der Reifendruck muß vorn auf mindestens 1,6 atü und hinten 2,2 atü erhöht werden, um ein Durchschlagen der Reifen zu verhindern.

Rahmen
Die Bodenbleche werden beim Fahren in schwerem Gelände durchgebeult.

Aufbau mit elektrischer Anlage Die Aufbauten wurden weiter nicht beobachtet, da sie alte Ausführung sind und für die Fahrt nur repariert wurden.

Die Warnsummer sollten erst bei niederer Motordrehzahl einschalten. Die beiden Typ 87 werden laut Hauptauftrag Nr. 88 für Versuche in strenger Kälte umgebaut.

Zuffenhausen, 12. 11. 1941
gez. Kaes H.«

Griechenland, Mittelmeerküste, Frühjahr 1942: Ein VW-82 der Luftwaffe auf der Straße nach Elleniko. Der weiße Buchstabe V auf der linken vorderen Tür steht für Viktoria.

Nord-Afrika, Cyrenaika, Frühjahr 1942: Zwei VW-82-Besatzungen im Gespräch mit italienischen Kriegskameraden neben einer Wendemarke mitten in der Wüste. Das englische Orientierungsschild weist darauf hin, daß diese Gegend heiß umkämpft war.

Ostfront, Frühjahr 1942: Ein Korps-Kommandeur unterwegs. Der VW-82 trägt Wintertarnanstrich, vorn der Ständer mit dem Korps-Kommandoabzeichen.

Nord-Afrika, Tripolis, Frühjahr 1942: Die Besatzung eines VW-Kübelwagens ergänzt den Wasservorrat.

Nord-Afrika, Cyrenaika, Frühjahr 1942: Ein Offizier am Lenkrad eines VW-82 bei der Befehlserteilung. Im Hintergrund Kriegsgefangene und ein mittlerer Einheits-PKW.

Nord-Afrika, Libyen, Frühjahr 1942: Eine Patrouille in einem VW-82/trop (Sandreifen) mit MG 34.

Nord-Afrika, Libyen, Frühjahr 1942: Eine kurze Rast an der Via Balbia, der einzigen asphaltierten Straße der Cyrenaika. Neben dem VW-82 steht das ausgebaute Vordersitzgestell. Auf der Straße der Bus des Stabes eines Korps-Kommandos.

Ostfront, Frühjahr 1942: Ein VW-82 der Panzergruppe 1 (v. Kleist). Der Scheinwerfer trägt eine Abblendkappe. Die umgeklappte Windschutzscheibe ist mit einer Schutzhülle überzogen. In der Karabinerhalterung auf der Anhaltestange hinter dem Fahrer ein K 98 b im Schutzüberzug.

Nord-Afrika, Libyen, Frühjahr 1942: Bei einer Rast in der Wüste nahe Horns. Am Türgriff des VW-82/trop hängt eine MP-38/40.

Nord-Afrika, Libyen, Frühjahr 1942: In einem VW-82/trop der 2. Fallschirmjäger-Division beim Durchqueren der Senke bei Misurata. Links beide Steckfenster.

Inmitten der Senke von Misurata.

Die Senke von Misurata - eine Wasserwüste in der Wüste-scheintohne Ende zu sein ...

. . . geschafft! Wieder auf dem Trockenen.

Sizilien, Frühjahr 1942: Die Besatzung eines VW-Kübelwagens der Luftwaffe hat kurz Halt gemacht, um dieses Foto für das Familienalbum zu schießen.

Mittelmeerraum, Frühjahr 1942: Der Kübelwagen einer Luftwaffen-Propaganda-Kompanie (PK).

Ostfront Frühjahr 1942: Ein Kübelwagen durchfährt eine riesige Wasserpfütze auf einem Feldweg.

Ostfront, Frühjahr 1942: Der Kfz-Mechaniker einer Instandsetzungswerkstatt. Der hochgeklappte Deckel des Motorraums gibt den Blick auf den Motor frei.

Ostfront, in der Nähe von Lida, Frühjahr 1942: Die Kraftfahrzeug-Feldwerkstatt einer Luftwaffen-Einheit. Die Vorderachse eines VW-82 wird zur Reparatur abmontiert.

Ostfront, Frühjahr 1942: Hier war ein Dichter am Werk Eine gereimte Warntafel für Kfz-Fahrer auf dem Markt von Kiew.

Ostfront, Frühjahr 1942: Eine willkommene Ergänzung der Wehrmachts-Speisekarte. Der Beifahrer des VW-82 beim Handeln mit den kleinen Eierverkäufern.

Nord-Afrika, Ende Mai 1942: Es geht vorwärts. Ein VW-Kübelwagen der Feldpost führt die kilometerlange Kolonne an.

Nord-Afrika, Cyrenaika, Juni 1942: Motorisierte Wachtposten eines KG-Sammel-Lagers in der Wüste.

Nord-Afrika, Tripolitanien, Juni 1942: »Hausputz« in einem VW-Kübelwagen, unweit Homs.

Eine motorisierte Heeres-Einheit in Marschordnung auf einer Landstraße in Frankreich. Vorn ein VW-Kübelwagen, hinten die leichte Halbketten-Zugmaschine 3 t (Sd. Kfz. 11).

Süd-Italien, Sommer 1942: Ein VW-Kübelwagen wird ▶ in ein Großraumtransportflugzeug geschoben.

Mittelmeerraum, Sommer 1942: Ein VW-82 wird für die Reise nach Nord-Afrika in einen Großraum-Segler vom Typ Gotha GO 242 A-1 verladen. Das große V bedeutet Viktoria.

Reichsgebiet, Sommer 1942: Der »Kriegskäfer« VW-87. Ein Versuchsmodell im Porsche-Werk Stuttgart-Zuffenhausen. Die mit einem 25 PS starken Motor ausgestattete VW-Limousine hat Allrad-Antrieb. Der VW-87, von dem nur 564 Fahrzeuge gebaut wurden, ging meistens zu den Rommel-Truppen nach Nord-Afrika.

Nord-Afrika, Sommer 1942: Eine Kfz-Feldwerkstatt in der Libyschen Wüste nahe Derna. Im Hintergrund ein VW-82 der Luftwaffe mit dem Zeichen der 21. Panzer-Division (DAK), der einer leichten Flak-Einheit angehört.

Nord-Afrika, Libyen, Sommer 1942: Die Besatzung des VW-82/ trop als Selbstversoger. Vorn, aus dem Ersatzrad ragt die Drahtstange für den Erkennungswimpel. Die Windschutzscheibe ist umgeklappt und in einer Schutzhülle, der Rückblickspiegel umgedreht - eine Vorsichtsmaßnahme, um nicht durch Sonnenspiegelung dem Feind den Standort zu verraten.

Nord-Afrika, Cyrenaika, 4. August 1942: Die während der Kämpfe in der Gegend der Quathra Senke gefallene Besatzung eines VW-82.

Nord-Afrika, Cyrenaika, 4. August 1942: Die Trümmer einiger Fahrzeuge des 382. Grenadierregiments in der heiß umkämpften Gegend der Wüstenhaltestelle Tel-el-Eisa bei El Alamein.

Ostfront, Sommer 1942: Ein VW-82 einer Luftwaffen-Einheit.

Ostfront, Sommer 1942: Der fahrbereite VW-82 einer Heeres-Einheit.

Ostfront, Sommer 1942: Das vorläufige Ende einer Dienstfahrt. Der VW-82 rutschte vom schmalen Weg des Dammes in den Teich.

Mittelmeerraum, Sommer 1942: Ein im schweren Gelände abseits der Straße steckengebliebener VW-Kübelwagen.

Reichsgebiet, Sommer 1942: Der VW-82 eines höheren Luftwaffen-Stabes.

Nord-Afrika, Sommer 1942: Vor der Morgentoilette. Auf dem Kasten-Vorderteil ein zweckentfremdeter »Erste Hilfe«-Kasten mit persönlichen Utensilien. Das Mittelteilblech mit dem Nummernschild ist eingedrückt.

Sommer 1942: Ein VW-82 kollidierte mit dem Geländer einer italienischen Grenzbrücke. Ein verbeulter Kotflügel und das verlorene linke Hinterrad sind das Ergebnis.

6

Ende Dezember 1941 sind die Ergebnisse der Balkan-Fahrten ausgewertet und nur durch die Erfahrungen mit dem VW-Kübelwagen in Nord-Afrika zu ergänzen. So entsteht im Frühjahr 1942 ein für die Afrika-Korpsfahrer unentbehrliches Merkblatt über die Probleme des Wüsteneinsatzes der Kraftfahrzeuge:

Allgemeines
Die hohen Temperaturen, die großen Unterschiede der Tag- und Nachttemperaturen sowie die starke Sonnenbestrahlung wirken sich in den Subtropen und Tropen auf die Kfz. sehr nachteilig aus. Nur eine umfassende Kenntnis der nachteiligen Auswirkungen ermöglicht die Anwendung der jeweils wirksamsten Gegenmaßnahmen.

Motor
Zylinder, Gehäuse, Kurbeltrieb und Schmierung
Infolge der auch in der kalten Jahreszeit für den Kfz.-Betrieb günstigen Temperaturen, die kaum unter 0°C liegen, ist mit Schwierigkeiten beim Anlassen des Motors nicht zu rechnen. Dagegen ist die Gefahr der Überhitzung des Motors sehr groß. Wenn unter dem Einfluß der hohen Außentemperaturen das Schmieröl sehr dünnflüssig wird, neigen alle gleitenden Teile zum Fressen. An den Dichtungsstellen desMotors kann öl nach außen treten. Hier bildet es mit dem in erheblicher Menge in der Luft befindlichen Staub und Flugsand eine dicke Isolierschicht, die den Abfluß der Motorwärme behindert, was zu weiterer Überhitzung und deren Folgen führt.

Kraftstoff
Ottokraftstoff neigt zur Bildung von Dampfblasen, die, wenn sie sich zwischen Kraftstoffbehälter und -pumpen befinden, zum Stehenbleiben des Motors führen. Durch die hohen Temperaturen ist ein Verdunstungsverlust in den Kraftstoffbehältern der Kfz. und in den Lagergefäßen bedingt, was bei der Mitnahme und dem Nachschub von Ottokraftstoff mengenmäßig zu berücksichtigen ist. Der Verdunstungsverlust ist je nach Jahreszeit verschieden.

Gemischbildung und Zündung
Infolge der hohen Temperaturen ist das spez. Gewicht der Luft kleiner. Der Motor erhält demnach ein geringeres Füllungsgewicht, erzeugt also unter sonst gleichen Bedingungen eine geringere Leistung als normal, wodurch ein höherer Kraftstoffverbrauch eintritt. Der Kraftstoffverbrauch kann durch Einsetzen einer kleineren Kraftstoff düse verringert werden, doch ist zu prüfen, ob dann die Leistung des Motors noch ausreicht. Durch die Kondenswasserbildung

während der Nacht setzen sich Wassertropfen im Verteiler oder an den Elektroden der Zündkerze ab und verursachen Zündstörungen.

Elektrische Ausrüstung Durch Verdunsten tritt bei den Sammlern ein hoher Wasserverlust ein. Hierdurch wird die elektrochemische Leistung des Sammlers stark herabgesetzt und die Betriebssicherheit gefährdet. Unter dem Einfluß des hohen Salzgehalts der Seeluft in Küstengebieten korrodieren die Klemmen der Sammler, was zu Störungen in der Stromzuführung führt. Bei hohen Temperaturen besteht Neigung zu Überladung.

Magnet- und Sammlerzündung
Hier führt das sich nachts bildende Kondenswasser zu Störungen und Versagen der Zündung (Unterbrecher und Verteiler).

Triebwerk, Laufwerk, Bremsen und Zentralschmierung
Bei richtiger Wartung kein betriebsstörender Einfluß durch höhere Temperaturen.

Aufbauten
Bei ungeschützt aufgestellten Kfz werden die Metallteile so heiß, daß ein Berühren leichte Verbrennungen verursachen kann. Teile aus Holz, Leder, Gummi, Textil- oder Kunstharzstoffen werden rissig, spröde und zerstört. Dazu kommt, daß die schnellen und starken Temperaturschwankungen Spannungen hervorrufen, die eine vorzeitige Zerstörung herbeiführen.

Bereifung
Hier gilt sinngemäß das zuvor Gesagte, jedoch ist besonders auf die starke Bodenerwärmung während des Tages und deren Einfluß auf den Luftdruck und die Lebensdauer der Bereifung hinzuweisen. Die Bodentemperatur, die 65 bis 80° C annehmen kann, erhöht naturgemäß auch die Temperatur der Bereifung stärker, als es schon unter normalen Verhältnissen durch die Walkarbeit der Fall ist; bei Luftreifen kann der Reifendruck bis auf das 1,5 fache des Anfangsdruckes steigen. Wird hierauf nicht geachtet und in den heißesten Tagesstunden bzw. zu schnell gefahren, so löst sich schon nach ganz kurzer Zeit die Gummiauflage von dem Gewebe der Luftreifen, bzw. bei Bandagen, Vollgummireifen und Gummipolster treten Zerstörungen durch Überhitzung auf.
Reifen sollen auf den vorgeschriebenen Druck aufgepumpt werden. Sie dürfen in keinem Fall einen geringeren Druck haben, da sonst Schäden durch Wandern des Reifens auf der Felge und durch übermäßige Walkarbeit im Reifen selbst auftreten. Häufige Prüfung am Tage ist daher unerläßlich, ebenso guter Luftdruckmesser und gute Luftpumpe.

Allgemeines
Die Straßenverhältnisse in den Tropen können nicht mit denen Europas verglichen werden, sondern es ist zu berücksichtigen, daß es wirklich gute Straßen sehr selten und meist in nur beschränkter Länge gibt. Alle anderen sogenannten Straßen, Pisten und Karawanenwege sind lediglich durch die Natur oder durch Spuren gekennzeichnete Verbindungen zwischen zwei Punkten und stellen an das Kfz. und den Fahrer die gleichen Ansprüche wie reines Geländefahren. Die Tragfähigkeit der Bodenoberfläche ist vom Fahrzeug aus oft schwer zu beurteilen und kann rasch wechseln. Dadurch wird eine erhöhte Aufmerksamkeit der Fahrer notwendig. Jedes Gelände, in dem Hindernisse auftreten oder vermutet werden, ist nach Möglichkeit zu erkunden und

Umgehungswege zur Vermeidung der Hindernisse festzulegen. Für die Erkundung werden am besten Geländeerkunder in leichten Fahrzeugen eingesetzt, die auch die Kennzeichnung von Umgehungswegen vornehmen.

Geländearten

Sandwüsten
Diese bestehen in der Hauptsache aus einer mehr oder weniger starken Schicht grobkörnigen Sandes, der eine verhältnismäßig feste Oberfläche bildet, so daß für in gleichmäßig zügiger Fahrt befindliche Räder-Kfz., außer Krädern, kaum Schwierigkeiten auftreten, während sie für Ketten-Kfz. überhaupt nicht zu erwarten sind. Schwieriger wird das Fahren, wenn weiche Sandeinlagerungen oder Flugsanddünen zu überwinden sind, da hier in vielen Fällen ein Festfahren und Einsinken der Räder-Kfz. eintritt. Der Versuch, festsitzende Kfz. wieder freizumachen, wird, wenn nicht die richtigen Mittel angewandt werden, nie einen Erfolg haben, in vielen Fällen aber meist zum Bruch der Triebwerke führen.

Steinwüsten
Hier ist der Untergrund fest, die Oberfläche mit Steinen bis zu Kopfgröße bedeckt. Unterliegt die Gegend dem Einfluß großerTemperaturun- terschiede, dann ist das Gestein gesplittert und sehr scharfkantig, so daß die Bereifung sehr beansprucht wird. In den Steinwüsten werden die Kfz. durch Verwindungen und Stöße übermäßig beansprucht.

Niedrige Sandhügel,
die um Sträucher (Kameldorn) zusammengeweht wurden und unter dem Namen »Hummochs« bekannt sind.

Wadis oder Rullahs
(ausgetrocknete Flußbetten)
Ihre Ufer sind oft sehr steil, und die Betten selbst bestehen aus weichem Sand. Eine Übergangsstelle ist zu erkunden und zu kennzeichnen. Oft kann durch geringe Planierungsarbeiten mit dem Spaten das Überqueren eines Wadis erleichtert werden.

Bewässerungsgräben,
bei deren Überquerung Fahrzeuge leicht aufsitzen können.

Fester Sand
Dieser eignet sich vorzüglich zum Befahren mit Kfz., doch sind in ihm eingelagerte sumpfige Stellen zu vermeiden. Nasser Sandboden ist unter Umständen gut befahrbar.

Mit Gestrüpp bewachsener Boden
Im allgemeinen gut befahrbar, jedoch sind kesselartige Senken zu vermeiden, die an dem helleren Grün des sie umgebenden Buschwerks zu erkennen sind.

Kieswüsten
Im allgemeinen gut befahrbar. Oft findet sich hier über weite Strecken Sandboden, der an der Oberfläche eine Schicht aus Kie eisteinen trägt. Auf eingelagerte Stellen und Flugsand achten!

Salzpfannen
Durch Regenfälle ändert sich ihre Oberflächenbeschaffenheit sehr stark. In trockenem Zustand kann die Oberfläche rissig und borkig, aber auch staubig sein und aus einer Salzkruste bestehen. Vorsicht ist geboten, da unter einer anscheinend trockenen Oberfläche bisweilen der Untergrund naß ist. Dunkle Flächen sind auf ihre Tragfähig-

keit zu prüfen. Bei Salzpfannen ist stets Vorsicht am Platze.

Sumpfstellen
Eine Sumpfstelle ist nach einem starken Regenfall niemals von einer Kolonne zu überqueren, ohne daß vorher ein einzelnes Kfz. zur Erkundung vorgeschickt ist oder ein Mann zu Fuß einen geeigneten Weg erkundet hat. Geländeketten bedeuten beim Überqueren sumpfigen Geländes eine wesentliche Erleichterung.

Sonstige Bodenverhältnisse
In der Mehrzahl muß mit Geländeverhältnissen gerechnet werden, wie sie auch in Deutschland z. B. im Dünengelände oder in unwegsamen Gebirgsgegenden bzw. Sumpf- und Moorgelände zu finden sind. Sie bieten dementsprechend auch die gleichen Schwierigkeiten. Die vorgenannten Bodenverhältnisse finden auch auf andere tropische Gegenden, soweit sie wüstenähnlichen Charakter haben, Anwendung.

Staub und dessen Auswirkung Allgemeines
Der schlimmste Feind der Kfz. ist der Staub und in seiner gröberen Form der Sand. In Wüstengegenden ist der Staub so feinkörnig wie Mehl und dabei sehr scharfkantig. Er gelangt trotz vorhandener normaler Luftfilter und Dichtungen überall in das Innere der Maschinenteile und verursacht überall, wo gleitende Teile vorhanden sind, infolge des hohen Gehaltes an reinem Quarz und in Verbindung mit dem
Schmieröl oder Fett einen hohen Verschleiß. Bereitet schon im normalen Fährbetrieb der Staub große Schwierigkeiten, so gilt dies erst recht für die Zeit, in der Sandsturm herrscht. Je nach der Gegend dauert er Stunden oder mehrere Tage an; er führt ungeheure Mengen Sand mit, die alles einhüllen und gegen die nur sorgfältigste Vorbereitung Schutz bietet.

Motor
Der Motor ist am allermeisten der schädlichen Einwirkung des Staubes ausgesetzt. Der in den Motor gelangende Staub bewirkt schon nach kurzer Zeit einen derartigen Verschleiß aller gleitenden Teile, daß der Motor vollständig überholt werden muß.

Triebwerk
Im Wechselgetriebe und Achsantrieb bildet der eingedrungene Staub zusammen mit dem Schmiermittel eine sehr wirksame Schleifpaste, die eil en sehr schnellen Verschleiß der Zahnräder und Lager bewirkt.

Sonstige Feinde der Kfz.-Ausrüstung
Hier sind in erster Linie die Insekten zu nennen, von denen die Termiten besondere Teile, die aus Holz gefertigt sind, sowie Textilien zerstören. Auch ungeschütztes Leder wird von Insekten unbrauchbar gemacht. Luftfeuchtigkeit, Kondenswasser und Niederschläge lassen ungeschützte Eisenteile schnell rosten. Vorbeugende Maßnahmen sind grundsätzlich schon in der Heimat vor dem Abtransport zu treffen, da in den in Frage kommenden Ländern in den seltensten Fällen die Möglichkeit besteht, weder das notwendige Material zu beschaffen noch die erforderlichen Arbeiten ordnungsgemäß durchzuführen. Werden die Kfz.nicht in der notwendigen Ausrüstung geliefert, dann sind behelfsmäßig die im folgenden angegebenen Schutzmaßnahmen zu treffen:

Pflege

Allgemeines

Die örtlichen Bedingungen mit Staub, Hitze und Schlamm stellen viel höhere Ansprüchean ein Kfz. und verursachen einen erheblich schnelleren Verschleiß aller gleitenden Teile als in der Heimat. Deshalb ist eine sorgfältige Behandlung, Pflege sowie häufigeres Abschmieren und Ölwechsel erforderlich. Der Fahrer muß in der Lage sein, kleinere Schäden an seinem Kfz. ohne Inanspruchnahme des Instandsetzungsdienstes in Ordnung zu bringen. Alle Vorgesetzten sind verpflichtet, dafür Sorge zu tragen, daß jede sich bietende Gelegenheit zur ordnungsmäßigen Pflege der Kfz. ausgenutzt wird. Unnötige Fahrten sind zu vermeiden; stattfindende Fahrten sind restlos auszunutzen.

Anstrichschäden müssen bei großer Luftfeuchtigkeit während der Nacht und dadurch bedingter Rostbildung sofort und sorgfältig ausgebessert werden. Leder hat in trockenem und heißem Klima eine kurze Lebensdauer und muß durch ständige Behandlung mit Lederfett oder anderen Imprägnierungsmitteln frisch gehalten und nach Möglichkeit durch Überzüge vor direkter Sonnenbestrahlung geschützt werden. Die Pflege hat nach den Gerätbeschreibungen und Bedienungsanweisungen der betreffenden Kfz. zu erfolgen; die nachstehenden Hinweise sind außerdem noch besonders sorgfältig zu beachten.

80% aller Motorenschäden sind auf mangelhafte Staubfilterung zurückzuführen! Das gesamte, mit Wartung und Instandsetzung beauftragte Personal (einschließlich der Beifahrer),

ist zu gründlichster und häufigster Überprüfung und Reinigung der Filteranlagen zu erziehen. Jedem Kfz. sind zur Durchführung einer sachgemäßen und jederzeit möglichen Filterreinigung geeignete Gefäße beizugeben! Die Reinigung der Luftfilter ist in ihrer Häufigkeit durch keine Vorschrift begrenzt: sie kann bei schwerem Ghibli täglich mehrmals notwendig werden! Bei Ölbadluftfiltern ist zum Auffüllen nach Möglichkeit Altöl zu verwenden. Achtung! In Beute-Kfz. englischer und amerikanischer Herkunft sind gelegentlich sogenannte chemische Luftfilter eingebaut. Ihre Reinigung ist nicht nur zwecklos, sondern sie führt zu ihrer Zerstörung. Dasselbe gilt für den Versuch, sie mit Öl zu tränken. Luftfilter der genannten Art müssen nach Ablauf der auf ihnen vermerkten Streckenleistung beseitigt und - soweit vorhanden - durch neue gleichartige oder durch Luftfilter deutscher Herstellung von gleicher Größe ersetzt werden!

Bereifung

Allgemeines

Zur Schonung der Bereifung sind größere Märsche in erster Linie bei Nacht sowie in den frühen Morgen- und Abendstunden durchzuführen.

Die Bereifung (auch Ersatzbereifung) sind durch Abdecken vor Sonnenbestrahlung zu schützen.

Luftdruck

Die Reifen sind genau auf den vorgeschriebenen Druck aufzupumpen. Eine Herabminderung des Luftdrucks um höchstens 25% darf nur in Ausnahmefällen beim Wiederflottmachen kurzzeitig vorgenommen werden. Der Reifendruck ist eine Stunde nach Fahrtbeginn und dann in Abständen von je 4 Stunden zu prüfen. Ist der Druck durch Walkarbeit und Sonnenbestrahlung angestiegen, so ist keine Luft abzulassen, er ist zu erhöhen, wenn er unter den Normaldruck gesunken ist. Da Gummi unter dem Einfluß von trockenem und heißem Klima rasch brüchig wird, dürfen Ersatzschläuche auf keinen Fall in der Verpak- kung, in der sie empfangen werden, aufbewahrt werden. Sie sind leicht aufgeblasen und mit Talkumpuder bestreut im Fahrzeug hängend mitzuführen. Entsprechende Halter sind anzubringen.

Regelmäßige Marschpausen sollen so oft wie möglich vorgesehen werden, wobei, wenn möglich, die Fahrzeuge in den Wind zu stellen und besonders bei heißem aber staubfreiem Wetter die Motorhauben zu öffnen sind. Wird wegen einer Störung an irgendeinem Fahrzeug eine Marschpause eingelegt, so ist der Führer der Einheit dafür verantwortlich, daß die Zeit nicht unnütz vertan wird, sondern daß die Fahrzeuge nachgesehen und etwaige Schäden abgestellt werden.

Ölwechsel bei neuen und überholten Motoren

Die Motoren sind mit dem für die Tropen bestimmten Motoren-Einheitsöl »Tp« zu füllen. Beute-Motorenöle englischer oder amerikanischer Herkunft erfüllen nach bisheriger Erfahrung die deutschen Bedingungen. Die Zeiten für Ölwechsel, auch für neue oder überholte Motoren, sind je nach Staubanfall bis auf die Hälfte der in den entsprechenden Vorschriften angegebenen Abstände zu verringern.

Fahranweisung

Das gute Fahren in der Wüste und ähnlichen Gegenden hängt vön folgenden Bedingungen ab:

Der Fahrer muß über sein Fahrzeug genau Bescheid wissen.

Er muß imstande sein, jede Lage klar zu erkennen und die entsprechenden Maßnahmen zu treffen.

Er muß praktische Erfahrung im Fahren in der Wüste haben.

Er muß Kartenlesen können und die Anwendung des Marschkompasses beherrschen. Jeder Fahrer muß dazu erzogen werden, vor Antritt der Fahrt den Bestand an Trinkwasser und Verpflegung ebenso zu überprüfen, wie dies von ihm in bezug auf Kraftstoff, Schmiermittel, Kühlwasser und Ersatzteile verlangt wird.

Keine Zeit, die auf Geländeerkundung verwendet wird, ist verschwendet. Jedes Gelände ist sorgfältig zu untersuchen und, wenn nötig, der Weg zu kennzeichnen.

Auf eingeborene Führer sich nicht verlassen, wenn es sich um große Strecken querdurch die flache Wüste handelt. Wenn diese Führer nicht besonders geschult sind, haben sie kein Gefühl für die ihnen ungewohnten Geschwindigkeiten und verlieren den Überblick. Ein zuverlässiger Dolmetscher dagegen ist sehr von Nutzen. Märsche sind aus Tarnungsgründen sowie zur Schonung der Kfz.und Bereifung vorwiegend in Morgen- und Abendstunden oder bei Nacht (nur bei Straßenfahrten) durchzuführen.

Ein Gelände mit harter, glatter Oberfläche (z. B. trockene Salzseen) gestattet eine erhöhte Fahrgeschwindigkeit; jedoch ist niemals höhere Geschwindigkeit auf Kosten der Orientierung zu wählen, da sonst leicht ein Verlust an Zeit und Kraftstoff die Folge ist.

Beim Kolonnenfahren über Sandstrecken ohne festen Untergrund sind die Spuren voranfahrender Fahrzeuge, aber auch alte Spuren zu vermeiden. Bei ausgefahrenen Wegen mit felsigem Untergrund ist darauf zu achten, daß Beschädigungen des Fahrwerks bzw. Laufwerks vermieden werden.

Sind Flugsand- oder Schlammstrecken erkannt, so ist der Gefahr des Festfahrens durch Auslegen von Unterlegblechen vorzubeugen. Gut bewährt haben sich zusammenrollbare Unterlegbahnen (Rolleitern) aus Hanfseil mit Holzspros-

sen von doppelter Fahrzeuglänge, die leicht untergebracht werden können. Gestaffeltes Fahren – oft in breiter Front-verringert die Beanspruchung der Fahrer durch den aufgewirbelten Staub vorausfahrender Fahrzeuge und ermöglicht ihnen damit gleichzeitig eine freiere Sicht.
Bei Ausbruch eines Sandsturms sollen Kolonnen, sofern es die Gefechtslage irgend gestattet, unverzüglich anhalten und aufschließen. Die Motoren sind abzustellen und die Motorhauben zu schließen, Verdeck vom Pkw gut befestigen, Seitenteile aufstecken. Motorhaube abdecken. Wenn möglich, Motor mit Plane einhüllen. Auspuffrohr mit Kappe oder Stopfen verschließen. Nach Sandstürmen zuerst Motor reinigen.
Bei Rückfahrten nicht in der alten Spur fahren, sondern neben der Spur des zurückgelegten Weges entlangfahren.
Beim Abstellen von Kfz. mit überhitzten Motoren ist die Zündung niemals sofort auszuschalten, sondern die Motoren sind im erhöhten Leerlauf mindestens 5 Minuten weiterlaufen zu lassen.
Springen die Motoren morgens nicht an, so ist dies häufig auf Kondenswasserbildung im Verteiler oder an den Elektroden der Zündkerzen zurückzuführen.
Beim Marsch ohne Licht wenigstens das Abstandrücklicht des Nachtmarschgerätes einschalten, um Auffahren nachfolgender Fahrzeuge zu vermeiden.
Gleichmäßiges Fahren ist notwendig. Bei plötzlichem Gasgeben können die Räder mahlen, wodurch sich das Kfz. in den Sand eingräbt. Es ist möglichst geradeaus zu fahren, scharfe Kurven sind zu vermeiden. Beim Fahren mit Rückenwind ist öfter zu halten und der Kühler gegen den Wind zu stellen oder so schnell zu fahren, daß Fahrtwind zur Kühlung bleibt. Lüfterantriebsriemen prüfen.
Bei Kfz. mit zusätzlichem Frontantrieb ist dieser beim Überqueren von schwierigen Stellen (Sand, Schlamm und Geröll) einzuschalten. Sollten sich nach dem Wiederauffahren auf eine feste Fahrbahn beim Ausschalten des Frontantriebs Schwierigkeiten ergeben, so ist dies auf vorübergehende Verspannung im Triebwerk zurückzuführen. Diese kann durch Fahren einiger leichter Kurven oder durch geringes Zurücksetzen des Kfz. ausgeglichen werden.
Beim Anhalten müssen die Bremsen so weich wie möglich betätigt werden. Geschieht es plötzlich, so gräbt sich häufig das Kfz. in dem weichen Sand ein.
Lufteintritts- und Austrittsöffnungen der Kühlanlage während der Fahrt stets freihalten. Keine Geräte usw. vor den Kühlern befestigen. Geschwindigkeitsmesser mit Kilometerzähler und Uhr müssen in Ordnung sein. Einheitsbehälter nur bis eine Handbreit unter Einfüllöffnung füllen. Gefüllte Kraftstoffbehälter, insbesondere Einheitsbehälter, so langsam öffnen, daß der Überdruck entweichen kann, ohne daß Kraftstoff herausspritzt.
Beim Veranschlagen des Kraftstoff- und Ölbedarfs für ausgedehnte Wüstenmärsche muß berücksichtigt werden, daß der Kraftstoffverbrauch wesentlich höher liegt als bei Straßenfahrten, so daß entsprechende Zuschläge gemacht werden müssen.
Auch im Sommer werden häufig bei Halten die Motoren im Leerlauf laufengelassen, unter Umständen sogar über längere Zeit. Abgesehen von der nutzlosen Verschwendung von Kraftstoff entstehen hierdurch schwerwiegende Schäden für den Motor, denn das mit Kraftstoff überfettete Leerlaufgemisch wäscht den Ölfilm an der Zylinderlaufbahn ab und verursacht durch fast trockene Reibung zwischen Kolben und Zylinder vor-

zeitigen Verschleiß. Ein Teil des Kraftstoffes gelangt ins Schmieröl, verdünnt dieses übermäßig und führt in der heißen Jahreszeit unvermeidlich zu Lagerschäden. Die Kerzen verkrusten und zünden nicht mehr.

Verschiedene Hindernisse und ihre Überwindung

Loser Sand
Schmale Streifen aus losem Sand werden in möglichst hohem Gang durchfahren, da hierdurch vermieden wird, daß sich die Räder durch Mahlen einwühlen. Wenn es sich herausstellt, daß ein Kfz nicht durchkommt und ein Herunterschalten auf einen niedrigen Gang notwendig wird, ist zu schalten, ehe der Motor von seiner Drehzahl heruntergekommen ist, oder das Kfz zu sehr an Fahrt verloren hat. Ist eine Sandfläche aber zu breit, als daß man sie mit Schwung durchfahren könnte, ist ein niedriger Gang zu wählen und die Motordrehzahl hochzuhalten. Ein Gangwechsel in weichem Sand ist zu vermeiden; nicht zu früh wieder heraufschalten.
Wenn die Tragfähigkeit des Sandes nicht mit Sicherheit erkannt werden kann, muß der Weg zu Fuß erkundet werden.

Wege in Ackerbaugebieten
Wege in Gebieten mit Ackerbau sind in der Regel in der Form von Dämmen längs der Kanäle und Bewässerungsgräben angelegt. Es ist darauf zu achten, daß die Straßenränder nicht befahren werden, da diese leicht unter dem Gewicht der Kfz einbrechen.

Geröll
Auf Geröllflächen mit großen Steinen ist darauf zu achten, daß nicht nur mit den Vorderrädern ausgewichen wird, sondern daß auch das Wechsel- oder Ausgleichsgetriebe und die Hinterräder nicht beschädigt werden.
Im ersten Gang und nur mit äußerster Vorsicht befahren. Höhere Geschwindigkeit nur, wenn es ohne Gefährdung des Fahrzeugs möglich ist.

Regenrinnen
Langsam und in niedrigem Gang fahren und sie durch schräges Anfahren überwinden, da sonst leicht Federbrüche eintreten.

Überqueren der Eisenbahn
Eine Eisenbahnlinie ist oft ein äußerst störendes Hindernis, besonders wenn sie auf einem niedrigen Eisenbahndamm verläuft. Bei Eisenbahndämmen muß die Möglichkeit der besten Auffahrt sorgfältig untersucht werden. Die Zeit, diefürden Bau von Rampen verwendet wird, ist nie vergeblich. Zum Bau von Rampen können benutzt werden: Trittbretter, Sandbleche, Holzklötze, Sandsäcke, Steine und ähnliches.

Wadis, Gräben und Abhänge
Sind die genannten Geländearten schwierig, so ist langsam mit der nötigen Vorsicht heranzufahren; erst wenn der Fahrweg genau erkundet ist und etwa notwendige Wegverbesserungen durch Auslegen von Steinen oder Beseitigung von Hindernissen vorgenommen sind, ist weiterzufahren.
Wenn das Bett des Wadis aus Kies und Steinen besteht, so ist vorsichtig zu fahren und das Lenkrad fest in der Hand zu halten.
Das Überschreiten von Kammlinien muß vorsichtig erfolgen, da auf der anderen Seite ein steiler Abfall oder Überhang sein kann.

Beim Überwinden dieser Geländearten ist auf das führende Kfz. zu achten, um Zwischenfälle zu vermeiden.

Durchschleusen von Kfz durch unbefahrbare Weg- oder Geländestrecken (tiefer Schlamm und Moor)
Beim Durchschleusen von Kfz. überschwierige Strecken dürfen mehrere Fahrzeuge durch Schleppseile nicht zu einem Schleppzug zusammengekuppelt werden. Es bringt in der Regel keine Zeitersparnis, sondern ruft nur schwerste Beschädigungen der Kfz. und der Schleppvorrichtung hervor. Die Fahrzeuge dürfen nur einzeln, höchstens zu zweien geschleppt werden.
Stehen an einer schwierigen Strecke eine Anzahl von Kfz., die geschleppt werden müssen, so sind vom Führer der Kolonne oder vom Dienstältesten sämtliche Mannschaften zusammenzufassen und zur Hilfeleistung anzusetzen.
Ein Teil hilft durch Schieben der jeweils geschleppten Kfz., der Rest gräbt die Straße frei und schafft durch Aufbringen von Steinen und kurzem Astwerk (nicht länger als *V*zm) eine geeignete Fahrbahn. Die Äste sind quer zur Fahrtrichtung zu legen.
Das Legen von Baumstämmen und Bohlen in Längsrichtung der Spurrillen ist zu vermeiden, da diese leicht mit dem unbelasteten Ende hochgehen und Beschädigungen verursachen.

Aufstellen der Kfz.
Im allgemeinen werden die Kfz. im Freien meistens in Verbindung mit dem Zeltlager der Truppe aufgestellt. Grundsätzlich sind die Kfz. so aufzustellen, daß der Motor im Windschatten liegt. Die Öffnung der Auspuffleitung ist mit einem Stopfen oder einer Kappe zu schließen. Wenn möglich, ist die Motorhaube durch Abdecken gegen Flugsand zu schützen, wobei die Plane bis auf den Boden reichen muß und dort durch Sand oder Steine zu befestigen ist. Durch Abdecken ist ebenfalls dafür zu sorgen, daß die Reifen nicht der direkten Sonnenbestrahlung ausgesetzt sind. Gefüllte Wasser- und Kraftstoffbehälter sind in den Schatten zu bringen bzw. unter dem Kfz. abzustellen. Bei längerem Aufenthalt sind die Kfz. zum Schutz gegen Sonne und Splitterwirkung in eine Grube zu fahren. Die Tiefe der Grube soll etwa 1 m betragen, so daß nach Möglichkeit die Oberkante der Reifen noch innerhalb der Grube selbst oder des sie umgebenden Erdwalles ist.
Auf Felsboden wird ähnlicher Schutz durch Aufschichten von Steinen erreicht. Ist Laubwerk oder ähnliches zur Verfügung, so ist auch das Kfz. selbst gegen den dauernden Einfluß der Sonne zu schützen, zumal durch das Abdecken mit Zweigen usw. gleichzeitig eine wirksame Tarnung gegen Fliegersicht erreicht wird.

Biwak
Für das Anlegen eines Biwaks gelten vom kraftfahrtechnischen Standpunkt aus folgende Gesichtspunkte:
Gute An- und Abfahrtmöglichkeit von der Straße oder Hauptversorgungspiste aus. Leichte Tarnungsmöglichkeit, steinfreier Boden, damit die Kfz. mindestens bis zur ReifenOberkante eingegraben werden können.
Dem Anstrich der Kfz. entsprechender Untergrund.
Möglichst staubfreie Lage, Anfahrweg querzur Hauptwindrichtung legen.
Kühler Platz, damit auch in den Mittagsstunden an den Kfz. gearbeitet werden kann.
Abstand von der Nachschubstraße mindestens 500 m.
Fahrzeugaufstellung vom Lagerplatz etwa 200 m abgesetzt.«

(Aus dem Merkblatt des OKH für den Kfz.-Tropeneinsatz, Berlin 1942)

Sommer 1942: Ein VW-82 ist an einem Hang abgerutscht. Der Fahrer, ein Kriegsberichterstatter, bei der Bergungsarbeit.

Sommer 1942: Der von der Bergstraße abgekommene VW-82 bietet den seltenen Blick auf das Unterteil des Fahrzeugs. Der Rahmen mit dem vorderen und hinteren Abdeckblech ist gut sichtbar.

Sommer 1942: Mit den am Vorderachs-Körper befestigten Stellen wird der VW-82 auf die Straße hochgezogen.

Nord-Afrika, Libyen, Sommer 1942: Eine Kfz-Instandsetzungswerkstatt in der Wüste. Der Kübelwagen einer Aufklärungsstaffel wird zur Vorderachsenüberholung aufgebockt. Vorn links das Lenkgehäuse.

Die improvisierte Hebebühne der Kfz-Instandsetzungswerkstatt in der Libyschen Wüste.

Gesamtansicht der Vorderachse des VW-82 Kübelwagens.

Nord-Afrika, Tripolis, Som?mer 1942: Ein VW-82/trop auf der Via Balbia. Bei dem mit Kronprinz-Sandreifen ausgestatteten Fahrzeug hat man die vordere Tür wegen der Hitze abmontiert.

Nord-Afrika, Sommer 1942: In einer Oase am Rande der Libyschen Wüste. Zwei exotische Passagiere eines VW-82. Die geöffnete Tür gestattet einen Blick auf die beiden Vordersitze, bestehend aus dem Gestell und den Kissen.

Nord-Afrika, Libyen, 1942: Mitten in der Wüste bei sengender Mittagssonne, ein Schnappschuß für das Fotoalbum. Auf dem vorderen Kastenteil das Ersatz-Sandrad in einer Schutzhülle, oben darübergespannt das Fliegererkennungszeichen. Auf den Kotflügeln die Scheinwerfer mit Abblendkappen, rechts der Tarnscheinwerfer. Links neben dem Ersatzrad der Einfüllstutzen des Kraftstoffbehälters. Über dem linken Kotflügel die nachträglich angebrachte Halterung für den 20-Liter-Einheitskanister.

Nord-Afrika, Tripolitanien, Herbst 1942: Idylle in der Dzeebaa, eine durch Regenwassereinwirkung geschaffene Schlucht in der Wüste. Die Kübelwagen-Besatzung sucht Schutz vor Feindeinsicht. Auf der Windschutzscheibe eine Fußmatte aus dem Wageninnern, links der Suchscheinwerfer. Am vorderen Kastenteil das Ersatz-Sandrad mit einem Schutzüberzug. Vor dem Wagen das Vordersitzgestell.

Tripolis, Herbst 1942: Zwei Gegner posieren für ein Erinnerungsfoto. Auf dem Beifahrersitz des VW-82/trop ein soeben abgeschossener RAF-Pilot.

Nord-Afrika, Tripolis, Herbst 1942: Zwei VW-82 Kübelwagen/trop der 2. Fallschirmjäger-Division. Auf dem Hintersitz des vorderen Fahrzeugs ein einheimischer »Hiwi«.

Ostfront, Herbst 1942: Der ehemalige Dachauer KZ-Kommandant, Mörder des SA-Gründers Ernst Rohm und Erfinder des bürokratisierenden KZ-Terrors, SS-Obergruppenführer Theodor Eicke, zur Zeit Kommandeur der SS-Totenkopf- Division. Eicke fiel im Februar 1943 im Raum Charkow.

Nord-Afrika, Herbst 1942: In der Libyschen Wüste irgendwo zwischen Ras-Lanuf und Surt. Ein Kübelwagen der Luftwaffe neben einer Nachschubkolonne.

Nord-Afrika, Herbst 1942: Ein VW-82/trop mit Sandreifen hat Anlaßschwierigkeiten.

Tripolis, Herbst 1942: Ein mit allerlei possierlichen Exemplaren der Wüsten-Fauna geschmückter VW-82/trop des Kommandeurs einer der Infanterie-Einheiten des deutschen Afrika-Korps.

Nord-Afrika, Libyen, Herbst 1942: Ein in der Nähe von Tobruk liegengebliebener VW-82 des DAK.

Nord-Afrika, 13. November 1942: Ein britischer Konvoi am Halfaya-Paß. Dazwischen ein VW-82/trop.

Sizilien, Winter 1942/43: Der VW-Kübelwagen einer Propaganda-Kompanie des DAK auf dem Weg zu einem Heeres-Versuchsplatz.

Reichsgebiet, Schwarz?wald, Winter 1942/43: Ge?lände-Versuchsfahrten der VW-82/Porsche Typ 155 Schneeraupe IV.

Reichsgebiet, Schwarz?wald, Winter 1942/43: Die Gelände-Versuchsfahrten des VW-82/Porsche Typ 155 Schneeraupe IV.

Nord-Afrika, Tunis, Februar 1943: Ein Sanitäts VW-82/trop mit einem Rote Kreuz« Fliegererkennungszeichen. Links neben dem Fahrer eine Doppeltragbahre für den Verwundetentransport. Im Hintergrund ein sorgfältig getarnter 12 t-Zugkraftwagen schwer (Sd. Kfz. 8) der Fa. Daimler-Benz.

Nord-Afrika, Tunis, Februar 1943: Der Kübelwagen VW-82/trop der 2. Fallschirmjäger-Division am Rande der Stadt Gabes.

Nord-Afrika, Tunis, Februar 1943: Ein VW-82 Kübelwagen der 2. Fallschirmjäger-Division auf einer Wüstenstraße in der Nähe des Kasserine-Passes.

Brückenkopf - Tunis, Februar 1943: Ein VW 82/trop der Luft?waffe mit einem gefangenen Tommy in der Nähe des Kasserine-Passes.

Ostfront, Februar 1943: Vorn rechts Generaloberst Hoth auf einer Frontinspektionsfahrt im VW-82, am Vortag der deut?schen Gegenoffensive zwi?schen Dnjepr und Donez.

Nord-Afrika, Tunis, Mitte Februar 1943: Der VW-82/trop im unwegsamen Gelände des Kasserine-Passes. Einige Tage -j -JO später führt Rommel hier erfolglose Verteidigungskämpfe gegen das II. US-Korps.

Nord-Afrika, Tunis, Mitte Februar 1943: Der VW-82/trop auf dem Wege von Bir-el-Afey zum Kasserine-Paß.

Der aufgeweichte Weg in der Nähe des Kasserine-Passes. Neben dem VW-82 ein 31 Lkw Ford.

Der Kübelwagen 82/trop im schlammigen Gebiet des Kasserine-Passes.

Nicht nur an der Ostfront macht der Schlamm Mensch und Maschine zu schaffen. Dem VW-82/trop helfen selbst die Kronprinz-Räder mit den Sandreifen nicht viel.

Ostfront, Frühjahr 1943: Der Kübelwagen einer Panzer-Einheit hat sich auf dem aufgetauten Ackerfeld festgefahren.

Italien, Frühjahr 1943: Der VW-82 auf einer Bergstraße in den Apenninen.

Süd-Italien, Frühjahr 1943: Der Fahrer eines VW-82. Der Soldat trägt die Feldmütze des Deutschen Afrika-Korps.

Sizilien, Frühjahr 1943: Kurz nach dem Sonnenaufgang be?ginnt bei dieser Besatzung ei?nes VW-Kübelwagen der Tag mit der Morgentoilette und Frühstück.

Italien, Frühjahr 1943: Im unwegsamen Gelände der Arno-Mündung westlich von Pisa. Der VW-82 arbeitet sich durch die schlammige Ebene …

. . . doch die Natur ist stärker. Der Kübelwagen mit der Nummer WH-922571, voll beladen mit Proviant für eine abgelegen stationierte Einheit, bleibt stecken.

Der WH-922571 ist mit der Hinterachse fast völlig eingesunken.

Schritt für Schritt wird der WH-922571 aus dem Morast geschoben ...

... ein paar Zweige unter den Hinterrädern helfen weiter...

... noch eine letzte Anstrengung, und der WH-922571 hat endlich wieder festen Boden unter den Rädern.

Ostfront, Frühjahr 1943: Ein VW-82 mit weiß getupftem Wintersichtschutz vor einer Pionierbrücke über den Dnjepr, südlich von Kiew.

Italien, Frühjahr 1943: Auf einer Landstraße in den Apenninen der VW-82 einer Nachrichten-Einheit.

Ostfront, Sommer 1943: Die linke Seite eines VW-82 Kübelwagens mit Verdeck und Steckfenstern.

Ostfront, Sommer 1943: Ein VW-82 unter einer Baumgruppe zum Schutz vor Fliegersicht.

VW-82 Kübelwagen: Auf der Fahrt durch weglose Steppe.

Ostfront, Sommer 1943: Ein General bei seinen Truppen. Neben der geöffneten Tür sieht man deutlich den Fahrersitz-Lehnenrahmen. Im Hintergrund unter den Bäumen, vor Fliegersicht getarnt, die schweren Halbketten-Zug- maschinen 18 t Famo (Sd. Kfz. 9).

Ostfront, Südabschnitt, Sommer 1943: Der Feldgendarmerie-Trupp einer Division bei der Rast. Der vordere Kastenteil ist um das Ersatzrad mit Wegweisern bestückt. Auf dem rechten vorderen Kotflügel ein 20-Liter-Einheitskanister in einem Haltegestell Marke »Eigenbau«. Auch die Radkappe des Ersatzrades ist eine eigene Erfindung. Rechts im Hintergrund ein Kübelwagen Daimler-Benz 170 V.

Süd-Frankreich, Mittelmeerküste, Sommer 1943: Ein General der französischen Vichy-Regierung nimmt von einem VW-82/trop aus die Parade seiner Truppen ab.

7

Der harte Winter von 1941/42, der die Truppen an der Ostfront unvorbereitet trifft, verstärkt bei dem OKW den Wunsch nach einem schneegängigen Fahrzeug. Und was liegt näher, als den Allround-VW-Kübelwagen zum Motorschlitten umzubauen. *Ingenieur Herbert Kaes,* Professor Porsches prominenter Versuchsfahrer ist auch dabei. Sein Bericht schildert die einzelnen Etappen auf der Suche nach einem Fahrzeug auf der Basis des VW 82 und VW 166, das den Ostfront-Truppen Erleichterung bei den schweren Winterkämpfen bringen könnte:

Betr. Motorschlitten Typ 82 u. 166
Nach Besprechung mit Oberst Rothardt sowie Dipl.-Ing. Knacke/HWA wurden in der Zeit vom 22. 6.-24. 6. 42 im Beisein von Oberinspektor Stöckmann/HWA und Major Rieger/Vers. Kraft Kummersdorf Schneefahrversuche am Großglockner unternommen.
Die grundsätzliche Frage des HWA/Oberst Rothardt lautete, ob ein KdF-Wagen auf Schneekufen gestellt oder durch günstige Formgebung des Aufbauunterteiles angetrieben mit an den Laufrädern montierten Flossen im tiefen Schnee fortbewegt werden kann. Da Typ 166 im Unterteil der Wanne vollkommen glatt ist, wurde lt. Rücksprache mit dem HWA nach Änderung des vorderen Abdeckbleches in Kufenform mit leichter Abschrägung ähnlich einem Boot zum Zerteilen des Schnees Wagen 166/3 verwendet. Als Antriebsflossen wurden Greiferräder nach SK 6388 und zum Vergleich Greiferräder, hergestellt von der Fa. Rieger & Dietz, verwendet.

Versuchsergebnis:
Im Versuchsgelände am Großglockner (Hochtor) liegt ein etwa 1 m tiefer nasser 550 kg/m^3 schwerer Schnee. Beim Einfahrversuch mit Grobstollenrädern 200/12 Dunlop graben sich die Räder sofort ein. Fahrzeug muß auf Straße geschleppt werden.
Bei den Versuchen brach die linke Doppelgelenkwelle Z. Nr. 87.43.52 an der Faust ab.

Typ 166 mit Reifen 5.25/16 und Greiferrädern Mit den Greiferrädern beider Ausführungen läuft das Fahrzeug auf den Flossen noch in der Ebene; bei kleinstem Widerstand (Schneehaufen) oder Steigung 5-8% graben sich die Greifer ein und Fahrzeug sitzt an Wanne auf und muß herausgezogen werden. Damit die Greifer nicht so weit einsinken, wurde die Bodenfreiheit durch Entspannen der Federung und Abbau der Reifen verkleinert. Fahrzeug ist auch in diesem Zustand nicht zu bewegen. Die von der Fa. Rieger & Dietz hergestellten Greiferräder sind in ihrer Wirkung durch günstigere Form besser.

Beobachtung:
Trotz des Geländeganges drehen die Greiferräder viel zu schnell. Bei niederen Drehzahlen tritt ein zu großer Rollwiderstand auf und Motorgrenze wird erreicht. Angefahren werden muß mit großer Motordrehzahl, wodurch die Greifer sich sofort einschaufeln und Fahrzeug aufsitzt. Ein Fahren in diesem Zustand ist nicht möglich. Die vom Waffenamt gestellte Frage, ob ein Motorschlitten mit Greiferrädern fahrbar ist, wurde noch durch folgende Zugkraftmessungen verneint:

Rollwiderstand mit Greiferrädern auf Schnee stehend	150 kg
Rollwiderstand mit Greiferrädern auf Wanne aufsitzend	550 kg
Zugkraft des Fahrzeuges ohne Räder und Greifer auf Wanne aufsitzend beim Anzug	800 kg
Zugkraft des Fahrzeuges ohne Räder und Greifer auf Wanne aufsitzend in Bewegung	400 kg
Einsinktiefe der Fahrzeugwanne (Fahrzeug-900kg)	8 cm

Schlußfolgerung
Da bei einem für den vorliegenden Versuch günstigen Schnee schon 150 kg Rollwiderstand genügen, um den Schnee wegzuschaufeln, ist es unmöglich, einen Motorschlitten mit einer Zugkraft von im Stillstand 800 kg, in Bewegung 400 kg durch Greiferräder mit einigermaßen günstigem Wirkungsgrad vorwärts zu bewegen. Ein Spezialfahrzeug mit überdimensionierten Greifern und entsprechend großer Untersetzung würde einigermaßen Erfolg versprechen, doch niemals die Leistung eines Raupenfahrzeuges erreichen.

Allgemeines über Fahren von Rad- und Raupenfahrzeugen in tiefem Schnee
Radfahrzeuge haben nie die Fahreigenschaft in tiefem Schnee wie ein Raupenfahrzeug, doch kann durch:
1. starke Untersetzung (bei voller Motordrehzahl nicht über 3 km/h. Fahrgeschwindigkeit, Planetenantrieb usw.)
2. genügend große Räder (wobei zu unterscheiden ist, ob Fahrzeug als Zugmaschine oder zum Tragen von Lasten Verwendung finden soll. Als Zugmaschine muß Fahrzeug große Bodenfreiheit mit spez. Auflagedruck von 0,3 und als Lastfahrzeug nicht über 0,15-0,2 haben. Um den genügend kleinen Auflagedruck zu erzielen, ist zur besseren Fahreigenschaft ein Vergrößern des Raddurchmessers vorteilhafter als ein Verbreitern der Laufräder).
3. günstige Formgestaltung der Aufbauvorderteile, um ein Anstauen von Schnee zu verhindern (durch Anbau von Kufen und Schneepflügen) bessere Leistung erzielt werden.

Versuche des HWA am Großglockner:

Schneekufen:
Um bessere Fahreigenschaften im tiefen Schnee mit den derzeitigen Raupenzugmaschinen zu erreichen, wurden statt der bisherigen Kufen an den Vorderrädern eine breite Kufe an die Achse montiert. Die Kufenbreite reicht jeweils bis 10 cm vor dem Laufrad. Diese Ausführung hat sich der ersten Anordnung weit überlegen gezeigt. Die Kufe muß aber federnd befestigt sein. Bei der Zugmaschine an querliegender Vorderachsfeder montiert.

Schneepflug:
Kombiniert mit der Schneekufe wurde ein Pflug

entwickelt, der bei auftretendem Pulverschnee denselben beiseite schiebt und ein Aufsitzen verhindert.« Zuffenhausen, 16.11.42

An das Heereswaffenamt
Wa Prüf 6 / I c
Berlin W 35 Tirpitzufer 72-76

Betrifft: Zugkraftmessung am KdF-Wagen im Schnee
Bei der Entwicklung des Typ 155 (Wagen Typ 82 mit Hinterachsantrieb durch Schneeraupe) wurden Untersuchungen angestellt, ob die Vortriebsleistung des Wagens durch Aufsetzen der Vorderräder auf Schneekufen beeinträchtigt wird.
Bei den Versuchen stellte sich heraus, daß auf einer durch Pferdeschlitten und Fußgänger festgetretenen Fahrbahn, auf der ein Fußgänger kaum einsinkt, an den Vorderrädern angebrachte Schneekufen, etwa 30-50% größere Zugkraft erfordern als bei demselben Wagen ohne Schneekufen. Es ist bei dieser Schneeart und bei dieser Ausbildung der Schneekufen die gleitende Reibung der Schneekufen wesentlich größer als die Rollreibung der Gummiräder. Ist jedoch der Schnee so locker, daß die Vorderräder tiefer als etwa 10 cm einsinken, so verschieben sich die Verhältnisse zugunsten der Schneekufen. Dies bestätigten Versuche mit dem Typ 155, wo bei aufgesetzten Schneekufen in lockerem Schnee das Fahrzeug durch den Raupentrieb noch ohne weiteres fortbewegt werden konnte, während es ohne Verwendung von Schneekufen vorne so tief einsank, daß die Raupe infolge der notwendigen größeren Vortriebsleistung durchrutschte und sich eingrub. Heil Hitler!

Dr.-Ing. h. c. F. Porsche KG

Bericht
über Schneefahrversuche mit der Schneeraupe 111/2 auf der Zuflucht/Schwarzwald am 20. Januar 1943.

Schneebeschaffenheit: 0,6 bis 1 m tiefer gesetzter, nasser Schnee.

Beobachtungen:
Übersetzung: Die Wagengeschwindigkeit beträgt bei einer Motordrehzahl von 3000 U/Min. im 4. Gang 30 km/h. Diese Geschwindigkeit ist für Schneefahrt weit ausreichend und darf wegen Überbeanspruchung der Kette sowie des Antriebs nicht überschritten werden. Bei angegebener Schneebeschaffenheit kann in der Ebene noch knapp mit dem 4. Gang gefahren werden (mit Schneekufen). Da sich der Motor besonders in den niederen Gängen leicht überdrehen läßt, wäre eine Geschwindigkeitsbegrenzung durch Anbau eines Drehzahloder Unterdrucksreglers vorzuschlagen. Zu- mindestens sind die Höchstgeschwindigkeiten am Tachokopf aufzuzeichnen.

Laufwerk:
Die Fahreigenschaft kann man als gut bezeichnen, doch müßte jetzt unbedingt festgelegt werden, ob die Raupe nur für Schneefahrt oder, wie es beim Fronteinsatz praktisch sein wird, zeitweilig für Fahrten auf versumpften oder gepflasterten Straßen usw. Verwendung finden soll. Für den letzteren Fall wäre für dieses Fahrzeug eine Protzhaken-Kupplung vorzuschlagen, an der der Wehrmachts-Einheitsanhänger befestigt werden könnte. Auf diesem würden Raupenantrieb sowie Schneekufen für Vorderräder bei Radfahrt Platz finden. Bei einem Auffahrversuch auf der 28% steilen Straße von Oppenau zur Zuflucht bei 10-15 cm tiefem nassen Schnee ging die Raupe

sofort durch und wurde von einem Schwimmwagen Typ 128 mit Reifen 200/12 und an den Vorderrädern Schneeketten einwandfrei hinaufgezogen. Auf der unge- räumten Straße von Zuflucht nach Schliffkopf und Ruhestein mit 1 bis 1,3 m tiefem Schnee war mit Raupenfahrzeug gut zu fahren. Das Radfahrzeug Typ 128 blieb sofort stecken.

Für Schneefahrt sind zusätzliche Greifer in Messerform oder mindestens Ausbildung der Glieder mit Stollen zur vollständigen Ausnutzung der Kette erforderlich.

Wie die Kontrolle zeigt, sind Teile wie Raupenachse mit Laufrollenlager (im Laufe der Erprobung einige Male gebrochen), Lager (nach 900 km Laufzeit starke Abnützungserscheinungen), den erforderlichen Beanspruchungen noch nicht gewachsen. Die Abnützung der Laufrollenlager ist z. T. noch durch die ungefederte Aufhängung bedingt. Beim schnelleren Fahren oder bei Geländeunebenheiten schlägt die Kette auch bei straffer Spannung an den Verbindungslaschen zur Raupenachse sowie seitlich an den Stützlaschen an. Abgesehen von dem dadurch hervorgerufenen Krach, wird die Kette sowie die Raupenachse selbst, da ja jeweils ein Kettenglied kurz hängenbleibt, übermäßig beansprucht. Die auftretenden Brüche und auf derZuflucht Verbiegen der rechten Raupenachse sind bestimmt durch das Anschlägen beschleunigt worden. Die Verbindungslaschen müssen verlängert werden, oder es ist zu versuchen, durch Anbringung von Abweisblechen das Anschlägen der Kette zu verhindern. Die Kette darf auch allgemein nicht mehr so sehr gespannt werden.

Die Abnützung der Gliedergelenkbolzenbohrungen und Gelenkbolzen von 0,1 bis 0,3 mm nach rund 900 km Laufzeit ist nicht schlecht, sollte aber zur größeren Sicherheit durch stärkere Ausführung verbessert werden. Die nachträglich angebauten Schneeabweiser am Treibrad haben sich bestens bewährt. Das Durchbohren der Treibräder an der Lauffläche blieb ohne Erfolg.

Einzelraupen-Handbremse:
Durch die Abbremsung einer Raupe wird ein einwandfreies Lenken im Schnee erreicht. Die Wirkung hat nicht nachgelassen. Schäden traten keine auf.

Schneekufen:
Beim Fahren im tiefen Schnee ist der Anbau von Kufen an die Vorderachse beim jetzigen Vorderachsdruck unbedingt erforderlich. Die Kufen, auf denen die Vorderräder stehen und die man mit Ketten befestigt hat, sind verwendbar, aberviel zu schwer. Auch ist ein Lenken bei gefrorenem Boden kaum möglich.

Vorgeschlagen wird die pendelnde Aufhängung der Kufen ähnlich der Ausführung an Zugmaschinen, wobei die Räder durch die Kufen am Boden laufen. Eine andere Lösung wäre eine breite Kufe in der Mitte der Vorderachse, wie sie neuerdings versuchsweise an Zugmaschinen erfolgreich erprobt wurde. Nachteilig bei letzterer Ausführung ist, daß bei der Zugmaschine mit Starr-Achse die Vorderachse federt, während beim Volkswagen die Achsrohre starr sind.

Schaltkupplung:
Beim Umschalten während der Schneefahrt riß die Schaltkupplung im Gummi aus. Beim Fahren im Schnee tritt ein sehr großer Rollwiderstand auf, der ein schnelles Zuschalten der einzelnen Gänge erforderlich macht. Hierbei wird die Schaltkupplung überbeansprucht. Für das Raupenfahrzeug wäre der Einbau einer Stahlblechkupplung vorzuschlagen.

Motorunterschutz:
Die Gebläse-Abluftverblechung wird bei Schneefahrt sofort eingedrückt. Da die neuen Typ 82 mit Wagenheizung ausgerüstet werden, muß die Verblechung dementsprechend geschützt sein.

Kotflügel:
Die verbreiterten hinteren Kotflügel bewähren sich gut. Zu überlegen ist, ob für die Serie die Schneekufen bei Nichtverwendung auf diesen verstaut werden könnten.

Der knochentiefe Morast auf der Rollbahn, Unbilden der Natur, das feindliche Feuer vom Boden oder aus der Luft und vor allem der schlimmste Feind eines jeden Kraftfahrers, das Verkehrschaos beim Rückzug, machen auch dem *Obergefreiten Karl Eisnerzu* schaffen, der mit seiner Einheit vor der Roten Armee zurückweicht:
»Inzwischen war der Befehl gekommen, die Front hinter den Slutsch beiderseits Staro-Konstantinoff zurückzunehmen. Die Rollbahn war durch Kraftwagen und Bespannfahrzeuge derartig verstopft, daß man in drei Stunden nur rund einen Kilometer vorankam; denn im Ort mußte der gesamte Verkehr über eine einzige Brücke geschleust werden.
Bis zum Abend kamen wir mit unserem VW-Kübel auf wenige Kilometer an die Brücke heran. Hier war der Stau so groß, daß wir wohl nicht vor dem folgenden Tage über den Fluß gelangen würden. Zu allem Übel standen unsere Fahrzeuge in diesem Durcheinander noch getrennt, zwischen fremden Wagen und Geschützen eingekeilt. Es gelang uns aber, einen Teil der Fahrzeuge in eine Kolonne zu bringen, die der Spieß anführte, und aus dem Rest zwei weitere Kolonnen zu bilden, von denen die eine der Wachtmeister Müller, die andere ich übernahm.
Vor der Brücke warteten die Fahrzeuge in 10 bis 12 Reihen nebeneinander. Die beiden anderen Kolonnen hatten Glück und kamen weiter, während ich mit meinem Kübel weder vorwärts noch rückwärts konnte. Na, ich ergab mich in mein Schicksal, denn einmal mußte es ja Luft geben. An Schlaf dachte bei der Kälte natürlich niemand. Gegen zwei Uhr kam derSpießzu Fuß zurück und sagte mir, ich müßte versuchen, möglichst schnell die Brücke zu erreichen, denn um 6 Uhr würde man sie sprengen, und alles was dann nicht auf dem anderen Flußufer sei, müsse liegen bleiben und auch vernichtet werden.
Die Parole von der geplanten Brückensprengung – erst später stellte es sich heraus, daß es nur eine Parole war - drang auch zu den anderen Fahrzeugen, und jeder setzte alles daran, um rüber zu kommen. Ich ging nun erst einmal die fehlenden 1000 m zur Brücke vor, um zu sehen, wie es dort aussah. Einem meiner Unteroffiziere gab ich den Befehl, die Kolonne zusammenzuhalten, und sowie es weiterging, sie dicht aufgeschlossen vorzuziehen. An der Brücke würde ich schon Rat wissen.
Vor der Brücke war es panikartig, die Fahrer der Panjewagen schlugen sich gegenseitig mit der Peitsche, um den Übergang zuerst zu erzwingen, mit einem Wort, es war ein tolles Durcheinander: Kein Offizier und kein Organ der Verkehrsregelung, jeder wurschtelte für sich allein. An der Brücke fand ich dann noch einige Feldwebel von anderen Einheiten, und wir einigten uns, die Sache selbst in die Hand zu nehmen, jeder natürlich mit dem Gedanken, daß seine Kolonne zuerst dabei war. Nachdem wir uns verständigt hatten, in welchen der zehn Reihen nun unsere Kolonnen standen, und in welcher Reihenfolge wir sie ablaufen lassen wollten, versuchten wir mit viel Geschrei wieder Ordnung und Disziplin herzustel-

len. Es war beinahe aussichtslos, und erst als wir diePistolen zogen, konnten wir uns wieder durchsetzen. Mit der schußbereiten Waffe in der Hand ging nun der Ablauf einigermaßen reibungslos.
Vor der Brücke war alles so verschlammt, daß mehrere Fahrzeuge steckenblieben. Um nicht alles den Russen preiszugeben, spannten wir kurzerhand die Pferde aus und kippten die Fuhrwerke samt der Ladung ins Wasser. Anders ging es in dieser Lage nicht. Mit dauernden Blicken auf die Uhr und dem Gedanken an die Brückensprengung ließen wir die Reihen ablaufen, bis auch endlich meine Wagen kurz nach 4 Uhr glücklich auf dem anderen Ufer waren. Nun konnte ich mich nicht mehr um die Brücke kümmern, denn ich mußte meine Kolonne wieder dem großen Haufen zuführen. Diese Nacht vom 8. zum 9. März 1943 wird mir immer im Gedächtnis bleiben. Es war nur gut, daß sich diese Stauungen in der Nacht auswirkten, denn wenn der Russe das am Tage gemerkt und mit seinen Schlachtfliegern dazwischen gehalten hätte, dann wäre etwas los gewesen! Man durfte gar nicht daran denken! Nach längerem Suchen fand ich schließlich unseren Haufen wieder und konnte meine Kolonne wohlbehalten beim Spieß zurückmelden. Jetzt waren wir also auf der großen Rollbahn von Staro-Konstantinoff in Richtung auf Proskuroff.«
In den ersten Julitagen des Jahres 1943 findet bei der Dr. Porsche KG in Stuttgart-Zuffenhausen eine für die Weiterentwicklung der Varianten des VW-Kübelwagens äußerst wichtige Besprechung statt.

Der Oberregierungsbaurat Dr.-Ing. Hanft vom SS-Führungshauptamt (Amtsgruppe A, Amt 10) präsentiert seine Vorarbeiten zur »Schienengängigmachung« des Typs 82, die er im Einvernehmen mit den Firmen Draisinenbau Dr. Alpers & Co., Hamburg und Getefo, Berlin schaffte. Nach eingehender Diskussion, die zwei Tage dauert, an der auch Porschejun. teilnimmt und zahlreiche technische Fragen erörtert werden, verabschiedet man sich mit folgender Feststellung:
Porsche erklärt sich bereit, bis 21.7.1943 einen detailreifen Entwurf zur Fertigungsbesprechung vorzulegen. Wenn irgendwie möglich, wird Porsche 2 Getriebe für ein Fahrzeug für Versuchszwecke selbst anfertigen. Um die Dringlichkeit der Durchführung nicht hinter den bei Porsche in großer Anzahl vorliegenden DE-Aufträgen zurückstehen zu lassen, wird vorstehend erteilten Aufgaben von seiten des SS-Führungshauptamtes, Amtsgruppe A, Amt 10, die Dringlichkeitsstufe DE sowohl für die Konstruktion als auch für die Anfertigung von 2 Probegetrieben erteilt.
Das SS-Führungshauptamt hat für die Erprobung der Schienenräder den Standort Hamburg unter Fühlungnahme mit Draisinenbau und de dortigen Reichsbahndirektion vorgesehen; die Erprobung soll in etwa 10 Tagen stattfinden. Um jedoch auch das Umkehrgetriebe nach Fertigung im engsten Einvernehmen mit Porsche zu erproben, erscheint es notwendig, die Getriebeversuche im Standort Stuttgart zusätzlich durchzuführen. Porsche setzt sich wegen der Probestrecke mit der Reichsbahndirektion Stuttgart in Verbindung, um derartige Versuchsfahrten durchführen zu können. Zweckmäßigerweise wird für die Stuttgarter Versuche der Versuchswagen benützt, der in Hamburg läuft. Zwei Monate später, am 23. September 1943, wird das Schienengefährt einigen Offiziellen, darunter Generalmajor Philipps vom HWA und Oberst Thomale, in Vertretung von Generaloberst Guderian, vorgeführt. Die Herren sind begeistert, die Nützlichkeit die-

ses Fahrzeugs für die kämpfenden Truppen steht außer Zweifel, jedoch die bürokratischen Mühlen mahlen langsam. Da greift Dr.-Ing. Hanft selbst zur Feder und schreibt an die Feldpostnummer 12 000, eine Sammeladresse, überdie jedermann der Kriegsführung nützliche Ideen, Anregungen oder Erfindungen vorschlagen kann:

Stuttgart, den 5.10. 1943

Ob.Reg.Baurat Dr.-Ing. Hanft
SS-Führungshauptamt (Amt X)

An
Feldpostnummer 12 000.

Betreff: Vorschlag zur Schienengängigmachung von Kraftfahrzeugen

Nachstehend wird der Vorschlag gemacht, den Volkswagen mit einfachsten feldbrauchbaren Mitteln schienengängig zu machen. Durch Spurkranzscheiben, ähnlich Stahlblechrädern, werden die Wagenräder durch die Spurkränze auf der Innenseite der Schiene geführt. An Rädern und Luftdruck wird nichts geändert. Der Unterschied zwischen Wagenspur- und Schienenspurweite wird durch Umdrehen der Räder und die Gestaltung der Spurkranzscheiben erreicht. Dadurch vergrößert sich die Spurweite um 2 x 86 mm – 172 mm.
Lenkung und Schwingachse werden bewußt nicht festgestellt. Das Fahrzeug wird nicht wie ein reines Eisenbahnfahrzeug von der Schiene aus gelenkt, sondern durch leichten Lenkradanschlag kann ein Reiben und etwaiges Quietschen infolge Anliegen des Spurkranzes am Schienenkopf vermieden werden. Dadurch läuft dann der Luftreifen sehr leicht auf der Schiene. Bei dieser Lösung der Schienengängigkeit ist die allgemein erhobene Forderung erfüllt:

1. keinerlei Änderung der normalen Serienfertigung des Wehrmachts-Volkswagens. Ferner zeigt die Lösung folgende weitere Merkmale, welche ihre besondere Feldbrauchbarkeit begründen:
2. einfachste und schnellste Fertigung durch Pressen von vierSpurkranzscheiben je Kfz.,
3. rasche Montage der Verschienungseinrichtung in 8-12 Minuten. Der Wagen ist mit dem Normalwagenheber aufzubocken, die Räder einer Wagenseite sind zu gleicher Zeit abzumontieren, die Spurkränze aufzusetzen, die Räder wieder aufzustecken und mit etwas verlängerten Radmuttern wieder festzuschrauben,
4. vollkommene Fahrtsicherheit bis zur Höchstgeschwindigkeit des Volkswagens 80 km/h. Die Nachprüfung des eisenbahntechnisch einwandfreien Laufens der Reifen und Spurkränze auf den Schienen erfolgte durch die Deutsche Reichsbahn,
5. leichte Umkehrmöglichkeit an einem schienengleichen Übergang in 1 Minute durch Herausfahren aus den Schienen mit und ohne Schienenschuh und Beschreiben einer Schleife bei aufgesetzten Spurkränzen,
6. sehr gute Bremsfähigkeit sowohl auf nasser als auf trockener Schiene. Die Bremsverzögerungswerte sind gleich und besser als auf Asphalt. Bei der Bremsung kommt die sehr gute Führung der Spurkränze zur Wirkung und macht ein seitliches Wegrutschen wie auf Asphalt unmöglich,
7. geringes Gewicht der Spurkranzscheiben, je Scheibe etwa 15 kg, gesamt etwa 60 kg,
8. gute Unterbringungsmöglichkeit der Spur-

kranzscheiben unter dem Reservereifen, ohne den Gepäck- oder Mannschaftsraum zu beeinträchtigen.

Diese einfache Art der Verschienung von Kraftfahrzeugen ist bei Spurweiten kleiner als 1435 mm anwendbar.

Anläßlich einer durch WA Prüf 6 veranlaßten Vorführung am 23. 9. 43 auf dem Eisenbahnpionierübungsplatz Klausdorf fand diese Lösung ihrer Einfachheit halber ganz besondere Anerkennung. Die Vorführung erfolgte mit Versuchsspurkranzrädern, die aus dem vollen gedreht waren. In der Zwischenzeit sind die Vorarbeiten für das Pressen der Scheiben aus 5 mm bzw. 3,5 mm Stahlblech so weit gediehen, daß der Serienanfertigung nichts mehr im Wege steht. Ich bitte gehorsamst um Prüfung dieses von mir entwickelten Gedankens der Schienengängigkeit von Kraftfahrzeugen.

gez. Dr.-Ing. Hanft.

Die Hoffnung des Oberregierungsbaurates Dr. Hanft, daß jene dem OKW unterstellte Prüfungskommission, die sich unter der Feldpostnummer 12 000 verbirgt, unbürokratisch und ohne den üblichen Amtsweg seine Idee zu realisieren verhilft, hat sich erfüllt. Im Frühjahr 1944 läuft der Kübelwagen 82, schienengängig, (VW schg) bei der Truppe. Leider viel zu wenig und zu spät.

Am Montag, dem 4. September 1944, weilt Professor Porsche im Führer-Hauptquartier Wolfsschanze in den Wäldern um das ostpreußische Rastenburg. Just einen Tag zuvor hat die 2. britische Armee Brüssel eingenommen, und die Sowjets stehen an der Weichsel vor Warschau.

Professor Porsche erscheint im Hauptquartier mit Ingenieur Herbert Kaes und den Monteuren Rupprecht und Geisinger wegen des Kübelwagens, – genauer gesagt – VW Typ 276, der auf der Basis des VW 82 mit Protzen für Pak 37 und Munitionsanhänger konstruiert wurde. Zur Vorführung kommen höchstpersönlich Adolf Hitler samt Generalfeldmarschall Keitel, Panzer-Spez. Generaloberst Guderian und SS-Hauptsturmführer Skorzeny. Dies läßt erkennen, welche Gewichtigkeit man dem unscheinbaren Kübelwagen beimißt. Das Fahrzeug wird von *Herbert Kaes* gesteuert, und in seiner Aktennotiz ist darüber zu lesen:

Vorführung des Typ 276 mit Pak 37 und Anhänger nach Zeichnung Nr. 276.00.010 im Hauptquartier am Montag, dem 4. Sept. 1944.

1. Bei der Vorführung vor dem Führer waren anwesend die Herren:
   Generalfeldmarschall Keitel,
   Generaloberst Guderian,
   Prof. Dr. Porsche.
   Die Angaben über Änderungen am Fahrzeug sowie über den Anhänger wurden von Herrn Prof. Porsche persönlich angegeben.
   Mit Herrn Oberst Holzhäuer wurde vereinbart, daß eine sofortige Erprobung in Berka bei Eisenach durchgeführt wird. Als Vergleichsfahrzeug wird von der Vers. Kraft. Kummersdorf ein Steyr 1,5 to gestellt.
   Ein Fahrzeug mit Pak und Anhänger kommt vor der Erprobung noch nach Stuttgart, damit, wie mit Herrn Prof. Porsche besprochen, die Anhängerpritsche auf Holzkonstruktion umgebaut werden kann. Die Erprobung soll bereits Ende nächster Woche beginnen. Der bisher für die Erprobung verbrauchte und noch zu benötigende Kraftstoff wird laut Herrn Hauptmann Braun-Munsinger der Porsche KG überwiesen. Ein Entwicklungsauf-

trag wird erteilt. Da ein Ausreißen oder weiteres Versinken des hinteren Querträgers durch die angehängte Last bei der Berka-Erprobung möglich ist, wird die Herstellung eines verstärkten Ersatzquerträgers vorgeschlagen.

2. Herr Prof. Porsche hat Sturmbannführer Kempka (Fahrer des Führers) die baldige Lieferung eines Volkswagens mit Holzkohlengeneratoranlage zugesagt. Das Fahrzeug soll in Berlin, Hermann-Göring-Str. 16, abgeliefert werden.
3. Weiter hat Herr Prof. Porsche Herrn Hauptsturmführer Skorzeny die schnellstmögliche Lieferung eines Anhängers zugesagt. Die Maße sollen etwa dem für die Pak 37 gebauten Anhänger entsprechen, eine Nutzlast von 200 kg tragen und mit Reifen 5,25 x 16 ausgerüstet sein. Das Eigengewicht soll so niedrig wie möglich gehalten werden. Evtl. leichtes Verdeck. Verbindung zu Hauptsturmführer Skorzeny über Herrn Dr. Tirolt, VW-Werk.

Stgt.-Zuffenhausen, 7. 9.1944. Ks/kk.

Programmgemäß werden zwischen dem 19. September und 17. Oktober 1944 auf dem Übungsgelände Berka, in der Nähe von Eisenach, die Versuchsfahrten mit dem VW Typ 276 durchexerziert: abwechselnd mit angehängter Pak 37 oder mit einem Munitionsanhänger. Versuchsweise wird auch ein VW-Kübel 82 mit Hinterachsübersetzung auf seine Eignung als Zugmittel für den Munitionsanhänger und die Pak 37 geprüft.
Die Wagen, vom routinierten Herbert Kaes geführt, kurven insgesamt 738 Kilometer auf der Berka-Rundstrecke Nr. 1 mit einem Durchschnittstempo von 18 km/h, bei nasser Wegstrecke und Kraftstoffverbrauch von 21 Ltr/100 km. Nach Zuffenhausen zurückgekehrt, verfaßt *Ingenieur Kaes* am 2. November 1944 einen Zwischenbericht über die Erprobung des Typ 276:
»Bei Fahrt auf Landstraße und Reichs-Autobahn hat das Fahrzeug mit angehängter Pak gute Straßenlage. Der Munitionsanhänger führt etwas schlechter und stößt stärker an die Anhängerkupplung. Bei lang anhaltender Bergabfahrt muß zur Schonung der Bremse der niedrigste Gang eingeschaltet und möglichst zwischendurch angehalten werden. Allgemein muß auf nasser Straße besonders bei Bergabfahrt wegen Schleudergefahr vorsichtig gefahren werden.
Mit der im Auftrag des Heeres-Waffen-Amtes versuchsweise eingebauten Serienübersetzung Typ 82 hat das Fahrzeug schlechte Beschleunigung, muß häufig geschaltet werden und läuft auf Landstraße nicht über 65-70 km/h.

Geländeerprobung in Berka.
Mit den angebauten Reifen 200 x 16 wird eine verhältnismäßig gute Geländegängigkeit erzielt. Die Getriebeübersetzung ist ausreichend. Der zur gleichen Zeit auf der Rundstrecke zur Erprobung laufende Steyr 1,5 to mit Allradantrieb, einem zulässigen Gesamtgewicht von 4600 kg und angehängtem Geschütz von 1560 kg hat mit Serienbereifung schlechtere (Bodenfreiheit-Reifengrenze), und mit Überreifen gleiche Geländegängigkeit wie Typ 276. Die Steigleistung des Steyr ist auf trockenem Geländeboden (größere Übersetzung) um 1-2° besser. Die Steiggrenze des Typ 276 liegt je nach Bodenbeschaffenheit bis Erreichung der Motorgrenze bei 19°. Bei einer Abfahrt mit angehängtem Munitionsanhänger auf einem 15° nassen steilen Wiesenhang überschlug ersieh durch Querstellen und Abrutschen des Anhängers und den hierdurch auf das Fahrzeug wirkenden starken Seitendruck des Wagens. Steile

Hänge müssen besonders vorsichtig und unbedingt gerade angefahren werden. Der Steyr mit angehängtem Geschütz ist noch empfindlicher auf Schleudern und Kippen.
Mit versuchsweise eingebauter Hinterachsübersetzung Typ 82 wird eine Steigleistung von 10° erreicht und kann im Gelände (Rundstrek- ke) nur mit dem 1. und 2. Gang wegen Motorgrenze gefahren werden.

Beanstandungen, Instandsetzung und Neueinbau
Das Fahrzeug ist mit einer *Flatterbremse* ausgrüstet. Nach etwa 3500 km Fahrleistung wurde ein leichtes Flattern der Vorderräder festgestellt, das nach der notwendigen Nachstellung der Vorderachsbüchsen und Lenkung bis jetzt nicht mehr auftrat.
Die linke vordere *Wagenheizungsklappe* blieb auch beim Einstellen der Heizung geschlossen. Die Heizung wurde gerichtet.
Die durch das Überschlagen des Fahrzeugs im Gelände aufgetretenen Schäden wie verbogenes linkes Achsrohr, Hinterachsstrebe, Manschetten, 1 Felge und Lenkrad wurden erneuert, der verbogene Hinterachsanschlag und beschädigte Kotflügel gerichtet.
Die Funktion des *Drehzahlbegrenzers* ist einwandfrei. Lediglich die Zug- und Mitnehmerhebel am Vergaser blieben bei km 4100 hängen und mußten nachgerichtet werden. Eine Verbesserung dieser Hebel mit Lagerung ist erforderlich. Die Kugel des Reglerhebels wurde jeweils nach 500 km geschmiert.
Nach etwa 3500 km Fahrleistung rutschte die *Motorkupplung* trotz richtiger Pedaleinstellung bei starker Belastung durch. Bei Kontrolle wurde festgestellt, daß die Schrauben der Kupplungsdruckplatte locker waren (Montagefehler) und dadurch die Pressung zur Übertragung des erforderlichen Drehmoments der sonst einwandfreien Kupplungsscheibe fehlte. Sicherheitshalber wurde eine neue komplette Kupplung eingebaut.
Ab Fahrzeug-km 3700 davon 500 km Gelände wurde ein Versagen und starkes Krachen des ZF-Sperrdifferentials festgestellt. Das Sperrdifferential wurde bei 4100 km ausgebaut. Die Führungsbahn der Gleitsteine an der Kurvenscheibe ist sehr abgenützt, und die Laufbüchsen haben sich festgefressen. Ein neues ZF- Sperrdifferential wurde eingebaut und das alte an die Herstellerfirma zur Untersuchung gesandt. Die *Bremsen* mit Seilen wurden nach Werkserprobungsfahrt bei km 1407 neu eingestellt. Während der Geländeerprobung in Berka mußten die Bremsen dreimal nachgestellt und km 4150 wegen zu starker Abnützung an den Hinterrädern neu belegt werden. Die Wirkung der Bremse ist in gutem Zustand und bei normaler Beanspruchung ausreichend. Mit der angehängten Last muß selbstverständlich zur Schonung der Beläge mit den unteren Getriebegängen mitgebremst werden.
Durch das Fehlen der früher serienmäßig an den vorderen Kotflügeln angebrachten *Schmutzabweiser* wird das Fahrzeug selbst wie auch der Anhänger sehr stark verschmutzt. Es wurden Schmutzabweiser aus Blech angebaut.

Anhängerkupplung mit Halterung
Von der Firma Ade, Waltershausen, wurde eine vereinfachte Anhängerkupplung angebaut und der Haltebock verstärkt. Diese Änderung hat bisher etwa 500 km im Gelände mit angehängter Last gehalten. Der Kupplungshaltebolzen ist im Haltebock etwas ausgeschlagen, die Anhängerkupplung selbst in Ordnung. Der Querträger am Fahrzeug ist durch Last etwa 7 mm durchgebogen. Nach 650 Gelände-km ist der Querträger an den 4 Befestigungsschrauben des Haltebockes

für Anhängekupplung ausgerissen und wurde durch eine 5 mm starke Blechplatte verstärkt und elektr. verschweißt.

Munitionsanhänger.
Bei Geländefahrt wird der weiche Lehmboden zwischen Rad und Kotflügel gepreßt, wodurch die Räder feststehen. Es wurden beide Kotflügel abgebaut. Um das Hochschleudern der nassen Erde und ein dadurch auftretendes Verschmutzen des Fahrzeuges und Anhängers zu vermeiden, wird der Anbau kleiner, vom Rad möglichst weit entfernter Kotflügel vorgeschlagen.
Wie schon erwähnt, hat die Pak 37 gegenüber dem Anhänger bessere Straßenlage und Geländegängigkeit. Die Vorteile sind durch folgende bauliche Unterschiede gekennzeichnet: Größere Räder, dadurch bessere Bodenfreiheit, lange und gerade, in angehängtem Zustand waagerechte Deichsel und ein besser ausgeglichener Deichseldruck. Durch die schräge und kurz gehaltene Deichsel am Anhängerwird die Anhängerkupplung bei Schubkraft hochgedrückt und schlägt stark. Um den Einschlagwinkel des Anhängers zu vergrößern wurden die Haltegriffe der Deichsel um je 25 mm gekürzt.«
Die Versuchsfahrten sind zu dieser Zeit nicht ohne Risiko. Als Herbert Kaes Ende August 1944 im saloppen Zivil mit dem VW 276 und angehängter Pak 37 in Richtung Katschberg unterwegs ist, wird er in Radstadt von einem eifrigen General namens Ringl aus dem Wagen geholt und soll auf dessen Geheiß arretiert werden, da er »als Zivilist ein Wehrmachts-Fahrzeug mit Geschütz gefahren hat«.
Im Herbst 1944 muß Porsche auf sanften Druck des Reichsrüstungsministers Albert Speer sein Stuttgarter Konstruktionsbüro wegen der Gefahr von Bombenangriffen in das abgelegene Gmünd nach Kärnten/Österreich verlegen. Auch Teile des VW-Maschinenparks aus Wolfsburg werden ins Erzgrubenbergwerk nach Longuich, nahe der belgisch-luxemburgischen Grenze evakuiert. Zunächst sind es zweihundert wertvollste Werkzeugmaschinen, die mit der Reichsbahn an ihre neuen Standorte geschafft werden. In Grubenstollen installiert, fallen sie kurz danach den vorrückenden amerikanischen Truppen in die Hände. Übrigens im Oktober 1944 – dank diverser organisatorischer Maßnahmen Speers – steigt die Herstellung der VW-Kübel trotz der immer stärkeren Bombenangriffe auf 1380 Wagen und im Januar 1945 sogar auf 2030. Als man jedoch im darauffolgenden Monat jegliche Lieferung von Rohmaterialien wegen der kritischen Lage an den Fronten stoppt, erreicht die Produktion ihren absoluten Tiefststand.
Während die amerikanische Panzerspitze sich Anfang April 1945 Wolfsburg nähert, baut man geschwind die wichtigsten Teile der noch im VW-Werk verbliebenen Maschinen aus, verstaut sie in Kisten und verbirgt sie in den unterirdischen Kabelschächten, eine – wie sich später herausstellt – für die Existenz des Werkes äußerst wichtige Maßnahme.
Am Abend des 10. April, so gegen 20.45 Uhr, werden die Bewohner der »KdF-Stadt« durch Panzeralarm aufgeschreckt. Die 9. US-Armee (Gen.Lt. Simpson) steht kurz vor dem benachbarten Fallersleben. Dies ist ein Signal für mehrere Tausend zwangsrekrutierte Fremdarbeiter aus Ost und West, Wolfsburg und das herrenlose Volkswagen-Werk unsicher zu machen, aber die US-Panzer blieben aus. Die Amerikaner können Wolfsburg nicht erobern, da die »KdF-Stadt« auf den Karten, die sie besitzen, gar nicht eingezeichnet ist.
Um das Schlimmste zu verhüten, eilt der Chefin-

spektor des VW-Werkes, Brörmann, gegen Mitternacht nach Fallersleben und bittet die Amerikaner, Wolfsburg zu besetzen. Kurz darauf rollen einige Sherman-Panzer in Richtung Stadt und postieren sich vor dem Werkstor. Damit geht ein Kapitel in der Geschichte des Volkswagens zu Ende.

Süd-Italien, Sommer 1943: Ein Soldat flickt den Schlauch des Hinterrades. Darauf liegt die Luftpumpe, daneben eine Werkzeugtasche, ganz rechts unter dem Kotflügel die Hinternabe und die Bremstrommel.

Mittelmeerraum, Sommer 1943: Ein General auf Inspektionsreise mit einem VW-82. Der Wagen hat Kronprinz-Sandreifen.

Süd-Italien, Sommer 1943: Ein Nachrichten-Trupp beim Einsatz. Rechts dessen Fahrzeug, ein VW-82. Auf dem hinteren, rechten 134 Kotflügel der Spatenverschluß.

Reichsgebiet, Sommer 1943: Der VW-82 einer Panzer-Einheit wird von Hand auf den Ei?senbahnwagen verla?den. Dabei helfen gut 30 Mann.

Reichsgebiet, 17. August 1943: Auf einem Flugplatz bei Regensburg nach dem amerikanischen Bombenangriff. Vorn ein VW-82 der Luftwaffe.

Ostfront, Sommer 1943: Dieser Schnappschuß bestätigt noch einmal die ungewöhnliche Geländegängigkeit des VW-82.

Italien, Sommer 1943: Nach dem deutschen Rückzug aus der Stadt Scafati. Ein im Stadtzentrum verlassener VW-82.

Süd-Italien, Herbst 1943: Ein neuer VW-82 auf dem Feldflugplatz eines Jagdgeschwaders. Im Hintergrund eine Bf 109 G.

Süd-Italien, Herbst 1943: Blick durch die Windschutzscheibe des VW-82 auf den Feldflugplatz eines Jagdgeschwaders. Links eine BF 109 G.
Auf dem Schaltbrett kann man deutlich erkennen:

1. Scheibenwischer
2. Signalknopf
3. Sicherungskasten.
4. Anlasser-Druckknopf
5. Steckdose für Handlampe
6. Schalter für Schaltbrettleuchte
7. Ladeprüflampe
8. Öldruckprüflampe
9. Geschwindigkeitsmesser und Kilometerzähler
10. Zündschloß
11. Anzeigelampe für Winker
12. Lichtschalter
13. Anzeigelampe für Fernlicht
14. Mehrfachschalter
15. Sicherungskasten
16. Winkerschaiter

Süd-Italien, Herbst 1943: Innenraum eines VW-82 Kübelwagens. Entlang der vorderen Sitzlehnen die Anhaltestange mit Karabinerhaltern. Vorn das Verdeckgestell.

Süd-Italien, Barletta, 1943: Ein Kübelwagen-VW auf dem Marsch mit einer Kradschützen-Einheit.

Süd-Italien, Barletta, September 1943: VW-82 Kübelwagen einer Panzerspäh-Kompanie.

Ostfront, Ukraine, Herbst 1943: Zwischen den Fuhrwerken vor einem kleinen ukrainischen Provinzbahnhof der VW-82.

WL-244 067

Linke Seite oben:
Ostfront, Mittlerer Abschnitt, Winter 1943: Eine Panzer- Einheit auf dem Vormarsch. Vorn ein VW-82 mit teilweiser Wintertarnung.

Linke Seite unten:
Reichsgebiet, Winter 1943: Ein VW-82 der Luftwaffe auf einem Rungenwagen vom Typ »Stuttgart«.

Freising, nördlich von München, Winter 1943: Es geht auch so. Die Soldaten einer Luftwaffen-Einheit heben eigenhändig ihren VW-82 auf den Eisenbahnwagen. ▶

Ostfront, Winter 1943/44: Kurz vor dem Aufbruch zum Rückzug. Im Hintergrund ein VW-Kübelwagen. ▼

Ostfront, Winter 1943/44: Auf dem Verschneiten Weg steckengeblieben. Die Landser helfen beim Bergen eines VW-82.

Ostfront, Winter 1943/44: Die Nachrichtentruppe der Nachhut auf dem VW-82 vor einer brennenden Ortschaft. Aus den vorderen Fahrzeugen ragen die Antennen der Funkgeräte heraus.

Süd-Italien, Frühjahr 1944: Der VW-82 einer Panzer-Einheit inmitten eines Olivenhains in der Nähe von Anzio. Die umgeklappte Windschutzscheibe und der vordere Kastenteil samt Ersatzrad sind mit einer Schutzplane bedeckt. Süd-Italien, Frühjahr 1944: Der vordere Kastenteil des VW-Kübelwagens, Typ 82, bekommt mit der Luftdruck-Spritz?pistole einen Tarnanstrich. Im hinteren geöffneten Kastenteil befinden sich an der Anhaltestange die vierteiligen Karabinerhalter, darunter auf dem Fußbodenblech der vierteilige Karabinerschuh, daneben der Sammlerkasten. Hinten über dem Motor der Deckel für den Motorraum und Gerätekasten. Zwischen den äußeren rechten und linken Seitenteilen die Hintersitzkissen-Kammer. Die Hintersitz-Lehnrahmen und Kissen sind ausgebaut. Vorn neben dem Preßluftschlauch steht das Vordersitzgestell.

Nord-Italien, Frühjahr 1944: Ein VW-Kübelwagen der Luftwaffe vor der Einfahrt zum Quartier der rückwärtigen Dienststellen.

Der Posten weist dem Fahrer des VW-Kübelwagens den Weg zum Gelände der rückwärtigen Dienststellen.

Italien, Frühjahr 1944: Der Kübelwagen eines Luftwaffen-Stabes vor einem Straßentunnel in den Dolomiten.

Nord-Frankreich, Bretagne, Frühjahr 1944: Ein General mit seinem VW-82 auf der Inspektionsfahrt.

Ostfront, Frühjahr 1944: Ein VW-Kübelwagen der 78. Sturm-Division geht auf die Reise.

Rechte Seite oben:
Italien, Sommer 1944: Probefahrt mit einem gerade instandgesetzten VW-82. Das Fahrzeug hat noch keine Zulassungsnummer.

Rechte Seite unten:
Frankreich, in der Normandie bei Caen, Juni 1944: Ein gegen Flieger?sicht getarnter Kübelwagen. Hinten auf dem Verdeck zwei Fallschirm?jäger.

◄ Italien, Frühjahr 1944: Ein Kübelwagen im unwegsamen Gelände an der Anzio-Nettuno-Front.

Italien, Frühjahr 1944: Ein Treff zwischen Natur und Technik. Der VW-82 auf einer Dorfstraße am Rande der Apenninen. ▼

Frankreich, Sommer 1944: Ein VW-82 der Luftwaffe auf einer Straße von Grenoble.

Jugoslawien, Sommer 1944: Ein Kübelwagen des Versorgungsdienstes einer Heeres-Einheit auf der Straße von Zadar nach Sebenico.

Frankreich, Normandie, zwischen Alencon und Dreux, Juli 1944: Die Besatzung eines Kübelwagens sucht Schutz vor Tieffliegern.

Frankreich, Normandie, Juli 1944: Noch einmal gut gegangen! Eine Kübelwagen-Besat?zung entkam mit knapper Not dem Feuerinferno. Auf der Straße von Alencon nach Dreux, eine von Jabos in Brand geschossene Lkw-Kolonne.

Frankreich, Normandie, Straße von Alencon nach Dreux, Juli 1944: Doch erwischt! Auf dem Weg zu einer Kfz-Instandsetzungswerkstatt haben die Jabos einen Kübelwagen in Brand geschossen.

Norwegen, Finnmark, Sommer 1944: Der Kübelwagen-Park des im hohen Norden an der Eismeerfront eingesetzten Jagdgeschwaders 5. Der VW-82 im Hintergrund links gehört zum III./JG 5 (Eismeer).

Nord-Frankreich, Sommer 1944: Ein Kübelwagen der Luftwaffe am Rande eines Feldflugplatzes,

Frankreich, Sommer 1944: Eine Kraftfahrzeug-Einheit auf dem Marsch.

Ostfront, Südpolen, Sommer 1944: Ein Kübelwagen vor Fliegersicht getarnt, auf einem Waldweg beim Rückzug.

Ostfront, Baltikum, Sommer 1944: Ein VW-82 einer Heeres-Einheit mit Propaganda-Material.

Italien, Apenninen, Sommer 1944: Am Rande des Städt?chens Esperia zerstörte Einheiten der 71. Infanterie-Division. Vorn die Trümmer eines VW-82.

Holland, September 1944: Der VW-82 ei?ner Luftwaffen-Einheit im Wald in der Nähe von Arnheim.

Holland, Arnheim, September 1944: Drei gefangene Engländer werden zum KG-Lager ab?transportiert.

Arnheim, Holland, 19. September 1944: Im Kampf mit britischen Luftlande-Truppen gefallener Fahrer eines VW-Kübelwagens 82 auf dem Utrechtsweg nahe der Oranjestraat.

Holland, September 1944: Ein von den alliierten Jabos zusammengeschossener Verwundeten-Transport. Links ein VW-Kübelwagen mit Rote-Kreuz-Zeichen, rechts ein VW-166 Schwimmwagen.

Mittelmeerraum, Herbst 1944: Ein General mit einem Oberfeldwebel der Feldgendarmerie im VW-82 des Kraftwagen-Werkstattzuges einer Division. Die kurze Fahrtunterbrechung nutzt ein Soldat aus, um an den Wagen ein Durchhalte- Plakat mit der Aufschrift »Trotzdem siegen wir!« zu kleben.

Slowakei, Herbst 1944: Ein VW-Kübelwagen vor der Verpflegungsausgabestelle einer Panzer-Einheit.

Reichsgebiet, im Raum von Köln, Dezember 1944: Ein VW-Kübelwagen in der feldmäßigen Garage.

Ardennen-Offensive, 29. Dezember 1944: Die von den deutschen Truppen wegen Treibstoffmangels zurückgelassenen Fahrzeuge auf einem Feld in der Nähe des Städtchens Foy-Notre-Dame.

Das Ende. Wolfsburg / Fallersleben, Mai 1945: Die durch alliierte Bombenangriffe zerstörten VW-Werks-hallen. Rechts die Kübelwagen. ►

Griechenland, Rhodos, Mai 1945: Nach der Besetzung durch britische Streitkräfte verrichten die Fahrer und Wagen auch weiterhin ihren Dienst. Vorn ein VW-82 des Heeres.

8

DATEN + FAKTEN

Technische Daten leichter Pkw Volkswagen Typ 62/1939

Motor	
Bauart	liegend, gegenläufig
Zylinderzahl	4 (Boxer)
Bohrung	70 mm
Hub	64 mm
Hubraum	984 cm^3
Verdichtung	1 : 5,8
Leistung max	24 PS
Drehzahl max	3200 U/min
Drehzahl normal	3000 U/min
Zylinder Werkstoff	Grauguß
Zylinderkopf Werkstoff	Silumin
Steuerung	hängende Ventile
Anzahl der Ventile je Zylinder	Einlaß = 1, Auslaß = 1
Lage der Nockenwelle	unten
Kurbelwelle	4 Gleitlager
Kolben	Leichtmetall
Zündung	Batterie
Zündfolge	1 - 4 - 3 - 2
Zündkerzen	14 mm, Typ: W 145 T 7 Bosch
Untersetzung der Verteilerwelle	2 : 1
Verteiler	Bosch VE 4 B S 276
Lichtmaschine	Bosch RED 130/6/2600 Al 8p
Anlasser	Bosch RED 0,4/6 L 3 (P)
Vergaser	Fallstrom Solex 26 VFJ
Ventile	Hängend, Stoßstangen und Kipphebel, Zentrale Nockenwelle, Antrieb durch Stirnräder
Kühlung	Luftgebläse
Drehzahl des Gebläses	6000 U/min
Luftmenge	500 l/min
Schmierung	Umlauf
Ölpumpe	Zahnrad
Ölkühler	Röhrenkühler
Kupplung	Einscheiben, trocken, Größe K 10 Fichtel und Sachs

Getriebe	
Gangzahl	vorwärts 4; rückwärts 1
Untersetzung	1. Gang = 1 : 3,60 2. Gang = 1 : 2,07 3. Gang = 1 : 1,25 4. Gang = 1 : 0,80 R. Gang = 1 : 6,6
Antriebsübersetzung	4,43 (7 : 31)
3. und 4. Gang	geräuschlos
Zahnradausführung	1. u. 2. Gg. u. R.Gg. gerade verzahnt Schubschaltung 3. u. 4. Gg.
schräg	schräg verzahnt Stiftschaltung
Wagengeschwindigkeit bei Motor n = 3200 U/min	1. Gang = 18,4 km/h 2. Gang = 32,4 km/h 3. Gang = 54,2 km/h 4. Gang = 83,6 km/h R. Gang = 10,1 km/h
Höchstgeschwindigkeit	83 km/h
Art der Schaltung	Kugel, Mitte Wagen

Fahrgestell	
Rahmen	Drehungssteifer Mittelrohrrahmen mit Gabelun hinten zur Aufnahme des Motors. Hinterachse, Triebling u. Tellerrad
Motorlage	Heckmotor, 3 Punkte gelagert
Triebachsausgleich	Kegelräder, Z. F. oder Rheinmetall selbstsperrend
Schubübertragung	Strebe-Federhebel

Lenkung

Lenkung	Sonderspindellenkung Konstruktion Dr. Porsche
Übersetzung	2,4 Umdr. am Lenkrad = 49° = voller Einschlag der Vorderräder 1 Umdr. am Lenkrad = 20,5° = 42%
Lenkrad	∅ 400 mm
Lenkungslage	links (rechts)
Spurstange, geteilt, oberhalb des Rahmens	
Wendekreis	10 m ∅
Radeinschlag	äußeres Rad = 28°; inneres Rad = 35°

Federung

Vorderradaufhängung	unabhängig gefederte Räder (Dr. P.)
Vorderradfederung	2 Stabfedern
Hinterradaufhängung	Schwingachse mit Strebenabstützung
Hinterradfel erung	1 Federstab, Nonius, einstellbar
Stoßdämpfer	hydraulisch, vorne und hinten

Schmierung

Dauerschmierung, an 7 Schmierstellen Druckschmierung, 4 Vorderachsschwinghebel, 2 Vorderachsbolzen, 1 Lenkung

Bremsen

Bremsen	Wirkungsweise mechanisch durch Seile, Konstruktion Dr. Porsche Durchmesser 230 mm Breite 30 mm
Fußbremse	wirkt auf 4 Räder
Handbremse	wirkt auf 4 Räder
Räder	5 Scheibenräder, je 5 Bolzen
Felgen	(3,25 E x 18)
Reifen	Geländereifen (5,00 - 18)
Aktiver Radius	normal = 345 mm
Spurweite vorne	1356 mm
Spurweite hinten	1356 mm / 1316 mm
Radstand	2400 mm
Kleinster Bodenabstand	unbelastet 260 mm
bel. mit 460 kg	240 mm

Bodenfreiheit

Fußboden Oberkante über Boden	unbel. 280 mm bel. 260 mm

Betriebsstoffe

Kraftstoff	Benzin
Kraftstoffverbrauch	9 l/100 km
Kraftstoffbehälter	Fassungsvermögen: 40 l mit Reserve (10 Liter) Lage vorne Zuleitung: Pumpe
Motoröl	Verbrauch 0,12 l/100 km Fassungsverm.: 3 l
Getriebeöl	Fassungsverm.: 2,5 l

Reserverad

Anzahl: 1, Lage vorne im Aufbau

Batterie

Spannung 6 Volt; 75 Amp., Typ DIN Kr 2311 (unter Rücksitz)

Aufbau 3sitzig oder 4sitzig offen
Ganzstahlaufbau
Gerätekasten (für 3sitzigen Aufbau) abnehmbar
Windschutzscheibe umlegbar, Sicherheitsglas
Klappverdeck abnehmbar
Fußboden am Fahrgestell befestigt
Instrumentenbrett: Geschwindigkeitsmesser mit km-Zähler
Öldruckanzeiger
Fernlicht- und Ladekontrollampe
Winker am Vorderteil, Winkerschalter
Scheinwerfer am Vorderteil
2 Einzelscheibenwischer
4 (3) Sitze;

Breite vorne etwa	1060 mm
Breite hinten etwa	1120 mm (560 links)

Gepäckraum hinter den Hintersitzen L:B:H etwa 1150:380:450 mm

Wagenabmessungen:

Größte Länge etwa	3750 mm
Größte Breite etwa	1550 mm
Größte Höhe etwa	1550 mm (mit Verdeck)
Reifengröße	5,00 - 18
Wendekreis ∅	11 m

Wagengewicht: (gerechnet mit Öl)

Fahrgestell mit Motor	etwa 392 kg
Aufbau	etwa 170 kg
Ausrüstung	etwa 80 kg
Gesamtgewicht leer, fahrbereit (mit 40 l Kraftstoff)	642 kg

Fahrbereich	440 kg
Nutzlast	450 kg

Baumuster K 1 (Typ 82)

Technische Daten

Motor

Arbeitsverfahren	4 Takt
Hub	64 mm
Bohrung	70 mm
Zylinderzahl	4
Hubraum (gesamt)	985 ccm
Verdichtungsverhältnis	1 : 5,8
Dauerleistung	23,5 PS
Drehzahl bei Dauerleistung	3000 U/min
Höchstleistung	24,5 PS
Drehzahl bei Höchstleistung	3300 U/min
Art der Kühlung	Luftkühlung
Ventilspiel (Einlaß u. Auslaß in kaltem Zustand)	0,12 bis 0,15 mm
Zündungseinstellung	5 Grad v. o. Totpunkt
Zündfolge	1 - 4 - 3 - 2
Art der Zündung	Batteriezündung
Zündzeitpunktverteiler	automatisch
Schmierung	Druckumlaufschmierung
Ölkühlung	Röhrenkühler
Vergaser	Solex-Fallstromvergaser

Fahrgestell

Kupplung	Einscheiben-Kupplung Fichtel und Sachs Größe K 10
Getriebe	Rädergetriebe
Zahl der Gänge	4 Vorwärtsgänge 1 Rückwärtsgang

Untersetzungen

1. Gang	2. Gang	3. Gang	4. Gang	R. Gang
1 : 3,6	1 : 2,07	1 : 1,25	1 : 0,8	1 : 6,6

Geschwindigkeit bei n = 3300 U/min	17 31 51 80 9 km/st
Hinterachsenantrieb	Kegelräderzähnezahl 7 : 31 Untersetzung 1 : 4,43
Zusatzgetriebe	je 1 an den seitlichen Hinterachswellen
Zusatzgetriebe	Stirnräder Zähnezahl 15 : 21
Zusatzgetriebe	Untersetzung 1 : 2,4
Antriebsachse	1 geteilte Pendelachse, hinten
Art der Federn	vorn und hinten Drehstäbe
Stoßdämpfer	hydraulisch; vorn einfach hinten doppelt wirkend
Bremsen	mech. Innenbackenbremse mit Seilzug
Fußbremse wirkt	auf 4 Räder
Handbremse wirkt	auf 4 Räder
Räder	Scheibenräder
Felgenart	Tiefbett
Einpreßtiefe	33 mm
Lochkreisdurchmesser	205 mm
Anzahl der Löcher	5
Bereifung	5,25 - 16 Gelände

Luftdruck	Vollast	Halblast
vorn	1,4 atü	1,2 atü
hinten	1,8 atü	1,5 atü

Lenkung	Sonderspindellenkung mit geteilter Spurstange Konstruktion Dr. Porsche
Sturz belastet 0 mm	leer 3 mm
Vorspur	3-6 mm
Nachlauf	2½ Grad
Spreizung	5 Grad
Radstand	2400 mm
Spurweite vorn	1356 mm
Spurweite hinten	1360 mm

Fahrzeug

Länge über alles	3740 mm	
Breite über alles	1600 mm	
Höhe über alles	Dach hochgeklappt 1650 mm	Dach niedergeklappt 1111 mm
Überhang	vorn 60 Grad	hinten 38 Grad
Bodenfreiheit	290 mm	
Bauchfreiheit	220 mm	
Betriebsfertiges Eigengewicht nach der StVZO	668 kg	
Leergewicht	725 kg	
Zulässiges Gesamtgewicht	1160 kg	
Nutzlast	450 kg	
Achsdrücke	vorn	hinten
bei Leergewicht	280 kg	445kg
bei Gesamtgewicht	487 kg	673 kg
Niedrigste Dauergeschwindigkeit	3 km/h	
Autobahngeschwindigkeit	80 km/h	
Höchstgeschwindigkeit	80 km/h	
Steigvermögen auf losem Sand	40%	
Steigvermögen auf der Straße	45%	
Watvermögen	450 mm	
Größte Zugkraft auf der Straße	33 kg	
Größte Zugkraft auf dem Acker	552 kg	
Kraftstoff-Normverbrauch	8 l/100 km	

Berlin, 24. Februar 1940: Vorderansicht eines der ersten VW-Kübelwagen 82 Modelle (24 PS).

Berlin, 24. Februar 1940: Rückansicht eines der ersten VW-Kübelwagen 82 Modelle (24 PS).

Vorderer Kastenteil des VW-82: Unterhalb der heizbaren Windschutzscheibe die beiden Haltefedern. Links die Verschlußkappe des Kraftstoff-Einfüllstutzens und das Ersatzrad mit Deckkappe. Rechts oben der Winker, darunter Rückblickspiegel, Hupe und Tarnscheinwerfer Nova 1-1.01. Zu beiden Seiten des Mittelteils das auf den Zughaken befestigte Schleppseil.

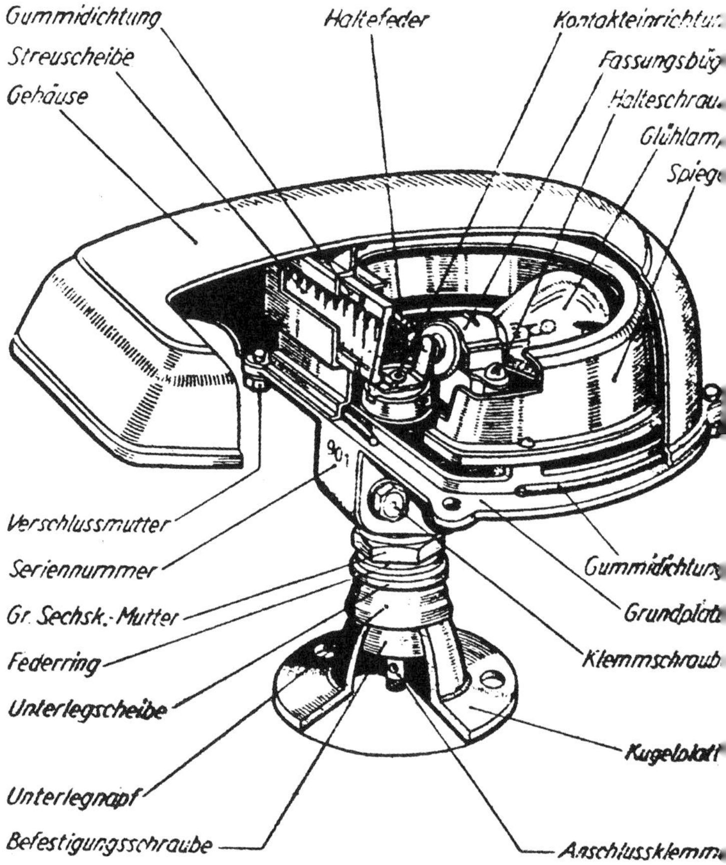

Der Tarnscheinwerfer im Detail.

Fahrbereich	400 - 450 km
Füllmengen	
Kraftstoffbehälter	30 l
Kraftstoffbehälter (Vorrat)	10 l
Kurbelgehäuse	
bei Ölwechsel	2,5 l Motorenöl
bei Zusammenbau d. Motors	3 l Motorenöl
Getriebegehäuse	
bei Ölwechsel	2,5 l Getriebeöl
Getriebegehäuse bei Zusammenbau d. Getriebes	3 l Getriebeöl
Lenkgehäuse	0,25 l Getriebeöl
Vorderachse	1,15 kg Abschmierfett

Gerätbeschreibung

Motor

Motorgehäuse
Das zweiteilige Motorgehäuse besteht aus Leichtmetall. Beide Hälften sind zusammen bearbeitet und dürfen nur zusammen ausgewechselt werden. Die 4 Zylinder aus Grauguß können einzeln ersetzt werden. Je zwei Zylinder tragen einen gemeinsamen abnehmbaren Zylinderkopf aus Silumin. Im Zylinderkopf liegen die Ventile und die Schwinghebel. Zwischen Zylinder und Zylinderkopf befindet sich keine besondere Dichtung.

Kurbeltrieb
Die 4 Hauptlager und die 4 Pleuellager der Kurbelwelle sind Gleitlager. Das zweite Hauptlager ist geteilt. Die Lagerstellen der Kurbelwelle sind gehärtet. Die Kolben sind aus Leichtmetall und tragen je einen konischen Ring oben, einen Kolbenring in der Mitte und einen ölab- streifring unten. Alle Ringe sind gerade geschlitzt. Die Kolbenbolzen sind schwimmend gelagert und durch Federringe gesichert.

Steuerung
Die Nockenwelle wird durch zwei schrägverzahnte Steuerräder von der Kurbelwelle angetrieben. Das Nockenwellenrad ist aus Elektron. Die Steuerung der Ventile erfolgt durch Stößelstangen und Schwinghebel. Jeder Zylinder besitzt ein Einlaßventil und ein Auslaßventil.

Kühlung
Die Kühlung erfolgt durch Luft. Auf gleicher Welle mit der Lichtmaschine sitzt ein Gebläserad, das durch einen nachstellbaren Keilriemen von der Kurbelwelle angetrieben wird. Das Gebläserad saugt durch eine Öffnung im Gebläsegehäuse Luft an und preßt sie über die Zylinder. Die erforderliche Führung der Luft erfolgt durch Leitstükke, die im Gebläsegehäuse sitzen. Zwei weitere Leitstücke verkleiden die Zylinder.

Ölkühlung
Der Ölkühler sitzt im Gebläsegehäuse. Er ist in die Ölleitung eingeschaltet. Der Ölkühler besteht aus Röhren, die das öl bei seinem Kreislauf dauernd durchfließen muß. Zwischen den Röhren wird die vom Gebläse angesaugte Kühlluft durchgepreßt. So wird das öl auf einer hinreichend niedrigen Temperatur gehalten, die seine volle Schmierfähigkeit auch bei Höchstleistung des Motors gewährleistet. Ein Öldruckventil schaltet bei hohem Druck (kaltem Öl) den Ölkühler automatisch ab und läßt das öl unmittelbar in die Leitungen fließen. In die Druckleitung zwischen Ölpumpe und Ölkühler ist ein selbsttätiger Schalter für die Öldruckprüflampe eingebaut, der bei einem Druck von 0,5-0,9 atü einen elektrischen Kontakt öffnet und dadurch den Strom der Öldruckprüflampe unterbricht.

Schmierung
Druckumlaufschmierung. Am Ende der Nokkenwelle sitzt eine Ölpumpe, die den Ölkreislauf im Fluß hält. Das Schmieröl wird vom tiefsten Punkte des Motorgehäuses durch ein Rohr abgesaugt und zuerst durch den Ölkühler gedrückt. Hinter diesem verzweigen sich die Kanäle. Ein Teil des Öles wird durch die durchbohrte Kurbelwelle gepreßt, schmiert die Lager und tritt nachher wieder in das Motorgehäuse ein. Ein zweiter Teil fließt durch die Lager der Nockenwelle, schmiert diese und tritt ebenfalls in das Motorgehäuse ein. Ein dritterTeil erreicht die Ölkanäle in

den hohlen Stößelstangen, tritt in die Ölkanäle der Schwinghebel ein, schmiert deren Lager, rinnt durch die Schutzrohre der Stößelstangen wieder in das Motorgehäuse zurück. Die Zylinderwände, die Kolben und Kolbenbolzen werden durch Schleuderöl vom Motorgehäuse aus geschmiert. Die Ventilschäfte erhalten Öldunst und kleine Mengen Öl, das durch die Gewindeluft der Stellschraube der Schwinghebel auf den Ventilschaft Übertritt. Die Ölreinigung erfolgt durch ein Sieb, das an der tiefsten Stelle des Motorgehäuses liegt.

Kraftstoffpumpe
Die mechanische Kraftstoffpumpe wird von der Zündverteilerwelle durch einen Nocken über einen Winkelhebel betätigt. Die Membran wird von keinem der üblichen Kraftstoffe chemisch angegriffen. Zur Abschirmung der Wärme des Motorgehäuses ist ein isolierender Zwischenflansch aus Preßstoff angeordnet.

Luftfilter
Das Luftfilter verhindert, daß mit der angesaugten Verbrennungsluft Staub in die Zylinder kommt. Im Filter wird durch die angesaugte Luft eine genau bemessene ölmenge in Wirbelung gebracht und dadurch das eingebaute Sieb ständig benetzt. Eine einwandfreie Luftreinigung ist nur gewährleistet, wenn das öl im Filter bis zur Anzeigeschraube steht.

Vergaser
Der Solex-Fallstromvergaser besitzt eine Luftklappe zum Anlassen. Beim Betätigen des Luftklappenzuges öffnet sich auch die Drosselklappe soweit, daß ein sicheres Anspringen gewährleistet ist. Das Saugrohr liegt außerhalb des Gebläsegehäuses. Die Gabelung des Saugrohres ist von einer Vorwärmekammer umgeben, durch die ein Teil der Auspuffgase geleitet wird. Die Auspuffgase treten durch ein Rohr in die Kammer. Hierdurch wird das angesaugte Gemisch vorgewärmt.

Elektrische Ausrüstung des Motors
Es ist eine Batteriezündung mit selbsttätiger Zündzeitpunktverstellung eingebaut. Der Sammler hat eine Spannung von 6 Volt und eine Kapazität von 75 Amperestunden. Die Lichtmaschine ist spannungsregelnd. Die Zündspule sitzt rückwärts am Gebläsegehäuse. Die Zündfolge ist 1-4-3-2. Die Zündeinstellung beträgt 5 Grad vor dem oberen Totpunkt. Der Anlasser ist ein Anlasser mit Zugmagnet.

Kraftübertragung

Kupplung
Einscheiben-Kupplung, Fabrikat Fichtel und Sachs, Größe K 10. Die Betätigung der Kupplung erfolgt vom Fußhebel aus durch ein Drahtseil, das im Mittelträger des Rahmens zum Kupplungshebel führt. Die Nachstellung erfolgt durch Muttern am Kupplungshebel.

Getriebe
Schaltgetriebe, Hinterachsantrieb und Ausgleichgetriebe sind in einem Gehäuse aus Leichtmetall vereint und am Motorgehäuse angeflanscht. Das Getriebe hat 4 Vorwärtsgänge und einen Rückwärtsgang mit Sperre. Der vierte Gang ist als Schnellgang ausgebildet. Erster, zweiter und Rückwärtsgang sind gerade verzahnt und haben Schubschaltung. Dritter und vierter Gang sind geräuscharm, schrägverzahnt und haben Stiftschaltung. Zum Schalthebel führt im Mittelträger des Rahmens die Schaltschubstange.

Hinterachsantrieb und Ausgleichgetriebe
Das Kegelrad hat 7 und das Tellerrad 31 Zähne. Die Untersetzung beträgt 1 : 4,43. Das Ausgleichgetriebe ist selbsthemmend, um in hohem Maße das Einzeldurchgleiten der Hinterräder auf glattem oder lockerem Boden zu verhindern. Es kommen die Fabrikate ZF oder Rheinmetall zur Anwendung.

Zusatzgetriebe
In einem Gehäuse an den seitlichen Achswellen stehen zwei Stirnräder, Zähnezahl 15 und 21 im Eingriff. Dasergibt eine Untersetzung des Antriebes von 1 : 1,4. Dadurch erhöht sich die Gelände- und Steigfähigkeit des Fahrzeuges. Die Anordnung des Untersetzungsgetriebes ergibt auch eine Höherlegung der Hinterachsen und somit eine größere Bodenfreiheit.

Fahrwerk

Achsen
Die Vorderachse besteht aus zwei miteinander starr verbundenen Rohren, die mit dem Rahmenkopf fest verschraubt sind. Inden Achsroh- ren sind die Traghebel drehbar gelagert. An ihren Enden sitzen verstellbar, aber fest verschraubt, die Bundbolzen, welche die Lagerbügel tragen. Auf den Achsschenkelbolzen sind die Achsschenkel drehbar gelagert, an denen die Bremsträgerbleche und die Radlager sitzen.
Die Federung der Vorderräder ist eine Einzelradfederung durch Drehstäbe, die in den Achs- rohren liegen. Sie bestehen aus 4 einzelnen Bandstahlstreifen von der ganzen Länge der Vorderachsrohre. In der Mitte sind die Stäbe durch eine Nuß und eine Feststellschraube gegen Verdrehung und seitliche Verschiebung gesichert. Die linke Hälfte der Drehstäbe dient als Abfederung des linken, die rechte Hälfte gilt als Abfederung des rechten Vorderrades. Die Enden der Stäbe sind verschweißt und greifen mit einem Vierkant in die Traghebel ein. Jeder Stoß auf die Vorderräder überträgt sich über die Traghebel auf die Drehstabfedern und verdreht sie biszur Nuß. Anschläge mit Gummipuffern verhüten eine zu starke Durchfederung und hydraulische, einfachwirkende Stoßdämpfer verhindern ein Nachschwingen. Die Hinterachse ist als Pendelachse ausgebildet. In den Achsrohren drehen sich die Antriebswellen, die über das Zusatzgetriebe die Antriebskraft auf die Nabe der Hinterräder übertragen. Die Federung der Hinterräder ist eine Einzelradfederung und wird durch Drehstabfedern, die in einem Querrohr liegen, erreicht. Die Drehstäbe sind aus Rundstahl, sie reichen nur über die halbe Wagenbreite. Das innere Ende der Stäbe ist in einem Gußstück gelagert und verzahnt. Das äußere Ende sitzt ebenfalls mittels einer Verzahnung in der Nabe der Hinterachsstrebe. Das andere Ende der Strebe ist am Hinterachsrohr starr befestigt. Ein Stoß des Hinterrades überträgt sich über die Strebe auf die Drehstäbe und verdreht diese etwas. Die Stäbe sind mit Hilfe der Verzahnung verstellbar. Doppelwirkende hydraulische Stoßdämpfer verhindern ein Nachschwingen.

Räder
5 Scheibenräder je 5 Bolzen, Tiefbettfelgen 3,00 D-16.

Bereifung
Niederdruckreifen 5,25-16 Gelände.

Fahrgestell rahmen
Der Mittelträger ist aus Stahlblech zu einem halb elliptischen Querschnitt gepreßt und unten mit

einem angeschweißten Blech zu einem Tunnel abgeschlossen. Hinten teilt er sich in eine Gabelung zur Aufnahme von Motor und Getriebe. Vorn verbreitert er sich zum Rahmenkopf, der die Vorderachse trägt. Das Fußbodenblech ist angeschweißt. Durch den Mittelträger laufen in einem eingeschweißten Rohrbündel Drosselklappen-, Kupplungs-, Luftklappen- und die zwei hinteren Bremsseile, Druckstange der Feststellbremse und die Schubstange für die Getriebeschaltung. Die Kraftstoff leitu ng liegt ebenfalls im Mittelträger.

Lenkung

Die Übertragung der Lenkbewegung vom Lenkrad auf die Vorderräder geschieht in nachstehender Reihenfolge: Lenksäule, Gelenkscheibe, Lenkspindel, Lenkmutter, Lenkhebelwelle, Lenkhebel, Spurstangen, Achsschenkel, Räder. In den Lenkhebel greifen mit Kugelgelenken die linke und die rechte Spurstange ein. Die anderen Enden der Spurstange sind wieder durch Kugelgelenke mit dem rechten und linken Lenkhebel am Achsschenkel verbunden. Die Drehung der Achsschenkel erfolgt um die Achsschenkelbolzen. Verstellbar sind Lenkspindel und Lenkmutter.

Bremsen

Hauptbremse

Die Übertragung des Bremsdruckes vom Fußhebel erfolgt durch die Bremsschiene, die im Mittelträger des Rahmens nach vorne gedrückt wird. An ihrer Kopfplatte sind die Bremsseile mit Nippeln befestigt. Die Seile für die Vorderradbremse treten vorne aus dem Rahmen aus. Die Seile für die Hinterradbremse laufen durch den Mittelträger nach hinten und treten dort aus. Die Anpressung der Bremsbacken an die Bremstrommeln erfolgt durch ein Hebelwerk. Die Fußbremse wirkt auf alle 4 Räder.

Die Feststellbremse

wird durch einen Zug am Handhebel nach oben betätigt, der durch ein Zahnsegment feststellbar ist. Der Handbremshebel drückt die Bremsschiene mittels einer Druckstange nach vorn. Von der Schiene aus erfolgt die weitere Kraftübertragung wie bei der Hauptbremse auf alle 4 Räder. Hauptbremse und Feststellbremse sind also bis auf das Bedienungsorgan (Fußoder Handhebel) gleich. Die Bremsbacken können durch eine Stellschraube am Bremsträgerblech nachgestellt werden.

Hand- und Fußhebelwerk

Auf einem gemeinsamen Lagerbock sitzen Kupplungshebel, Fußbremshebel und Gashebel. Am Mittelträger des Rahmens Handbremshebel, Schalthebel und der Knopf für den Luftklappenzug.

Kraftstoffanlage

Der Kraftstoffbehälter ist vor dem rechten Vordersitz am Aufbau mit Spannbändern befestigt. Der Kraftstoffhahn ist als Dreiwegehahn ausgebildet. Sein Hebel kann drei Stellungen einnehmen: A = auf, Z = zu, R = Reserve. Der Hahn enthält das Kraftstoffilter mit dem Wasserabscheider. Ein biegsamer Schlauch führt zum Kraftstoffrohr, das im Mittelträger des Rahmens nach hinten führt. Ein zweiter Schlauch verbindet das andere Ende des Rohres mit der Kraftstoffpumpe. Die biegsamen Rohre sind mit dem Kraftstoff rohr im Mittelträger des Rahmens nicht verschraubt, sondern nur aufgeschoben.

Schaltbrett und Bedienungshebel

Am Schaltbrett sind angeordnet: Zündschloß,

Anlasser-Druckknopf, Ladeprüflampe, Öldruckprüflampe, Anzeigelampe für Winker, Anzeigelampe für Fernlicht, Geschwindigkeitsmesser mit Kilometerzähler, Lichtschalter, Winkerschalter, Sicherungskästen, Steckdose für Handlampe, Mehrfachschalter für Nachtmarschgerät, Schalter für Schaltbrettleuchte. Am Windschutz befinden sich 2 Scheibenwischer mit ihren Schaltern. Der Sucher hat einen Drehschalter. Am Lenkrad befindet sich der Knopf für das Signalhorn.
An Bedienungshebeln sind vorhanden: Kupplungshebel, Fußbremshebel, Gashebel, Zug für Vergaserluftklappe, Schalthebel, Handbremshebel, Kraftstoff hahn mit Filter, Fußschalter für Fernlicht.

Elektrische Anlage

Sammler
Der Sammler ist unter einem der Rücksitze untergebracht, er hat eine Spannung von 6 Volt und eine Kapazität von 75 Amperestunden.

Stromverbraucher
Zündung siehe Motor. Die Lichtanlage hat folgende Leuchtstellen: Scheinwerfer mit Fern-, Abblend- und Standlicht. Tarnscheinwerfer, Abstands-Rücklicht, Handlampe, Sucher, Warnlichter am Schaltbrett, Winkerlampen und zusätzliches zweites Schlußlicht. Signaleinrichtungen sind: Signalhorn und Winker.
Sonstige Stromverbraucher sind: Zwei Scheibenwischer mit Einzelantrieb und der Anlasser.

Sicherungen
Die Sicherungskästen liegen links und rechts am Schaltbrett und auf der linken Seite des Motorraumes. Die Zugehörigkeit derSicherungen zu den einzelnen Verbrauchern geht aus dem Schaltschema und aus den Bezeichnungen an der Innenseite der Sicherungsdeckel hervor.

Entstörung
Die Kfz. sind teilentstört nach Gruppe III. Ein Teil der Kfz. ist vollentstört nach Gruppe I.

Stoßdämpfer
Das Fahrzeug ist mit hydraulisch wirkenden Stoßdämpfern ausgerüstet, die ein Nachschwingen beim Federn verhindern. Die hinteren Stoßdämpfer sind doppelt, die vorderen einfach wirkend. Die vorderen dürfen nicht zerlegt werden. Auch die Gummimanschette darf nicht entfernt werden.

Aufbau
Der aus Ganzstahl ausgeführte Aufbau hat je einen Geräteraum über der Vorder- und Hinterachse; die Türen sind an der Mittelsäule fest angelenkt, die Kotschutzbleche mit dem Aufbau verschraubt. Die Windschutzscheibe ist aus Sicherheitsglas und nach vorne umklappbar. Es sind Steckfenster vorhanden, die bei Nichtgebrauch in besonderen Abteilen gelagert sind. Die Vordersitze mit fester Rücklehne am Fahrgestell sind verstellbar. Die Hintersitzbank ist in die Karosserie eingelegt, die hintere Rücklehne bei geöffnetem Geräteraumdeckel vorklappbar.

Unterbringung von Werkzeugen und Zubehör
Der Zeichenstab ist vor dem rechten Vordersitz und der Verbandkasten links unter der Windschutzscheibe untergebracht. Links vorne an der Seitenwand ist ein Kastenbfür die Wagenpapiere und die Handlampe angebracht.
Der Geräteraum für Nachtmarschgerät und Fahrersturmgepäck ist vorne im Wagen, Sturmge-

päck für Beifahrer wird teils unter den beiden Vordersitzen und teils rechts unter dem Hintersitz verpackt. Die Schneeketten befinden sich rechts neben der Batterie unter dem Hintersitz.

Das Werkzeug und der Wagenheber sind im Motorraum untergebracht. Die Gewehrhalter befinden sich an der Haltestange über den Vordersitzen und die Gewehrschuhe sind am Bodenblech befestigt.
Der Spaten ist an der rechten Seitenwand und dem Vorderkotflügel in Halterungen gelagert.

Geschwindigkeitsmesser
Er wird durch zwei Kegelräder mit Dauerschmierung im linken Achsschenkel angetrieben.

Viele der normalen VW-Kübelwagen 82 wurden serienmäßig im Jahre 1942-1945 mit verschiedenen Gasgeneratoren ausgerüstet. Diese Entwicklung lief unter der Typenbezeichnung »230«, »231« und »239«. Hier der VW-Kübelwagen »239« mit Holzkohlengenerator.

Reichsgebiet, Umgebung von Stuttgart, Mai 1941: Der gute VW-Kübelwagen in einem neuen Kleid, diesmal als Panzerkampfwagen-Attrappe mit der Bezeichnung Porsche Typ 82/3.

Porsche Typ 82/3: Ohne Radverkleidung mit dem MG-Turm. Die Einstiegluke befindet sich an der rückwärtigen Seite.

◀ Porsche Typ 82/3: Der Kfz-Führer- und Beifahrersitz (von hinten schräg nach oben aufgenommen) mit dem Drehturm für das MG 34.

Wozu ist der VW-Kübelwagen noch gut: Der Porsche Typ 82/3 wird meistens nur noch zu Ausbildungszwecken verwendet.

Technische Angaben

Hauptlager — Axialspiel 0,10 - 0,20 mm
Radialspiel
im 1. - 3. Lager 0,05 - 0,07 mm
im 4. Lager 0,03 - 0,05 mm
Das Axialspiel wird am ersten Hauptlager gemessen. Beachte die Druckscheibe 0,98 mm.

Kolben — Passung 0,05 - 0,07 mm am Kolbenmantel unten in Drehrichtung gemessen. Zum Einbringen des Bolzens Kolben gut handwarm erwärmen.

Kolbenringe — Stoßluft:
Erster Kompressionsring 0,20 bis 0,35 mm
Zweiter Kompressionsring 0,20 bis 0,35 mm
Ölabstreifung 0,20 - 0,35 mm
Der erste Kompressionsring ist konisch. Beachte die Bezeichnung Top oder oben.
Kolbenring-Nutenspiel 0,03 bis 0,05 mm

Kompressionsdruck — Bei Anlasserbetätigung und warmer Maschine 4 - 5 atü. Zündkerzen herausnehmen.

Kraftstoffpumpe — Pumpendruck 1 - 1,2 m. W. S.
Vorspannung des Pumpenstößels 0,5 - 1,0 mm

Kupplung — Das Kupplungsfußhebelspiel beträgt 20 - 30 mm. Es wird am Seilzugende, das zum Kupplungshebel außen am Triebwerkgehäuse führt, eingestellt.
Die Betätigungshebel für die Kupplungsanpreßplatte werden, nachdem sie vom Werk eingestellt worden sind, nicht wieder verstellt.

Lenkung — Wenn sich Kleben oder Schwergehen der Lenkung bei Befahren glatter, ebener Straßen einstellt, dürfte die Kupferplattierung der Lenkmutter abgenützt sein, alsdann muß die Lenkmutter ausgewechselt werden.

Nockenwelle — Lagerspiel:
Achsialspiel 0,02 - 0,07 mm
Radialspiel 0,02 -0,05 mm

Öldruck-Kontrollschalter — Öffnet bei atü 0,5 - 0,9

Öldruckventil — Die Länge der unbelasteten Feder beträgt 45,7 mm

Ölfüllung des Kurbelgehäuses — Die Neufüllung des Kurbelgehäuses beträgt 3 Liter. Bei Ölwechsel beträgt die Füllung 2½ Liter, weil ½ Liter im Ölkühler zurückbleibt. Wegen des Zurückbleibens von Öl darf auch kein Spülöl verwendet werden.

Ölfüllung des Triebwerkgehäuses — Die Neufüllung des Triebwerkgehäuses beträgt 3 Liter. Bei Ölwechsel beträgt die Füllung 2½ Liter

Pleuel — Lagerspiel:
Axialspiel 0,1 - 0,2 mm
Radialspiel 0,035 - 0,065 mm

Stirnräder — Zahnflankenspiel 0,01 - 0,035 mm

Stößel — Um Stößelgeräusche zu vermeiden, halte das Spiel zwischen Stößel und Führungsblech womöglich unter 0,01 mm.
Spiel Stößelbohrung 0,02 bis 0,05 mm

Teller- und Kegelrad — Zahnflankenspiel:
Klingelnberg 0,1 - 0,15 mm
Cleason 0,1 - 0,12 mm

Triebwerk — Preßsitz des druckaufnehmenden Kugellagers der Kegelradwelle 0,02 - 0,05 mm

Ventile — Ventil-Stößelspiel bei kalter Maschine 0,15 mm.
Benutze Stufenfühlerlehre VW 142
Ventilschaft-Führungsspiel: E: 0,04 - 0,06 mm
A: 0,05 - 0,07 mm

Ventilsitzring — Sitzflächenwinkel 45°
Sitzflächenbreite 1,4 mm

Verteilerantrieb — Zahnflankenspiel 0,1 - 0,2 mm

Verteiler — Unterbrecherkontakt-Abstand 0,4 - 0,5 mm

Vorderachse — die Achsneigung beträgt 2° 30'.
Das untere Tragrohr sitzt also dem oberen um 2°30' = 6 mm voraus. Die Achsneigung kann nicht verändert werden!
Der Sturz zum Rad war an der Felge oben und unten gemessen 3 - 5 mm.
Beachte: der richtige Sturz wird bestimmt durch eine Stahlscheibenbeilage von 0,2 mm und einer Preßstoffscheibenbeilage von 4,5 mm, die jedoch beide Verschleiß unterworfen sind!
Die Vorspur beträgt 4 - 6 mm in der Höhe der Felgenmitte hinten und vorne gemessen

Zündkerzen — Elektroden-Abstand 0,6 mm

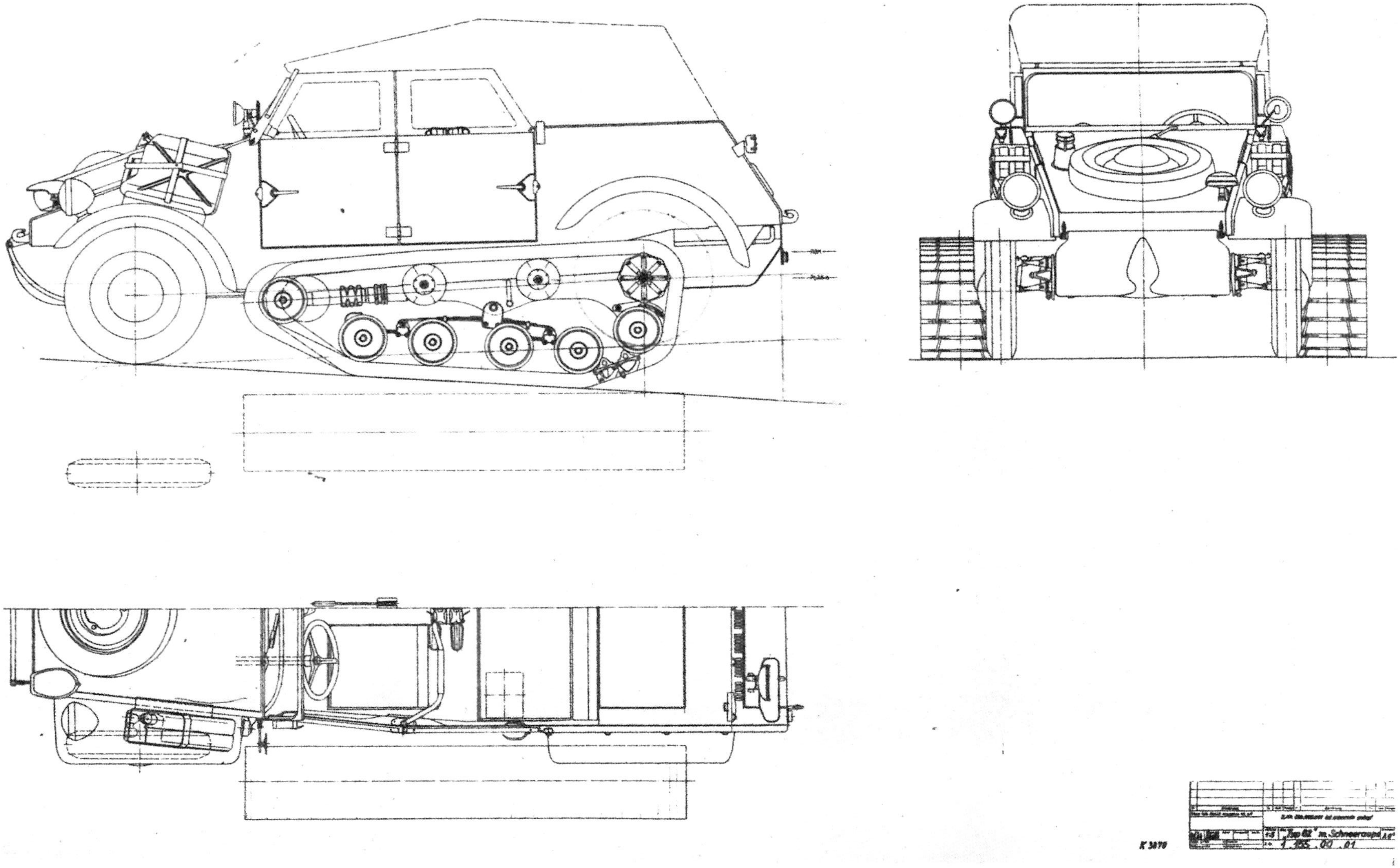

Der VW-82/Porsche Typ 155 mit Schneeraupe. Maßstab 1:29.

Reichsgebiet, Schwarzwald, Herbst 1942: Der VW-82/Porsche Typ 155 Schneeraupe I bei Gelände-Probefahrten. Dahinter ein NSU Ketten-Krad HK-101.

Stuttgart-Zuffenhausen, Herbst 1942: VW-Kü- bel/Porsche Typ 155 als Schneeraupe II.

Stuttgart-Zuffenhausen, Herbst 1942: VW-82/ Porsche Typ 155 Schneeraupe IV.

Stuttgart-Zuffenhausen, September 1942: Der VW-82 Kübelwagen als Halbkettenfahrzeug Porsche Typ 155. Der mittlere Teil der Schnee?raupe III mit einem der vier Kettenlaufwerk-Sy?steme.

Verdunkelungsvorschriften

An den unbedingt verkehrsnotwendigen Aussenlichtquellen sind Verdunkelungsmaßnahmen durchzuführen. Die übrigen Lichtquellen sind außer Betrieb zu setzen.

Die Scheinwerfer sind so abzudecken, daß nur ein waagerechter, 6 bis 8 cm langer, 1,5 cm breiter Ausschnitt in der Mitte der Abschlußscheiben das Licht austreten läßt. Auch hier muß auf freier Landstraße mit Fernlicht, bei Gegenverkehr und geschlossenen Ortschaften mit Abblendlicht gefahren werden. Die übrigen Leuchten sind in ihrer Leuchtwirkung so herabzusetzen, daß sie nurauf eine Entfernung bis zu 500 m wahrnehmbar sind. Schlußleuchte und Kennzeichenleuchte lassen sich leicht dadurch abdunkeln, daß man statt der bisherigen 6 V-Lampen solche zu 12 oder 24 V nimmt. Bei Innenbeleuchtung aller Art sind die Stellen, an denen Licht austreten kann, abzublenden. Um auch bei Verdunkelung die Betriebssicherheit im Kraftfahrzeugverkehr nicht zu gefährden, mußten aufgrund des Gesetzes über den Verkehr mit Kraftfahrzeugen ab 1. Oktober 1940 die Fahrzeuge mit dem Wehrmacht-Tarnscheinwerfer ausgerüstet werden. Dieser ist schwingungsfrei so anzubringen, daß die Lichtaustrittsöffnung nicht höher als 1,2 m und nicht tiefer als 0,8 m überder Fahrbahn liegt. Er ist so zu neigen, daß die obere Hell-Dunkel-Grenze des Lichtes in einer Entfernung von 5 m vor der Lichtaustrittsöffnung mindestens 6 cm tiefer als die obere Kante der Lichtaustrittsöffnung liegt. Er muß ferner unabhängig von der übrigen Beleuchtung auszuschalten und so geschaltet sein, daß er nur mit den Begrenzungsleuchten zugleich brennen kann. Der Lichtfächer wird flach über die Fahrbahn vorauseilend und breit hingestreut. Von der Luft aus ist er schwer festzustellen, von einer gewissen Höhe aus wird er unsichtbar. Der Tarnscheinwerfer ist völlig blendfrei. Die Kugelplatte am Fuß ermöglicht einfachen Anbau und einfache Einstellung.

Leichter Personenkraftwagen K 1 Typ 82

Sonderausrüstung für Tropen

Allgemeines

Durch Einbau der Sonderausrüstung erhält das Kfz. einen zusätzlichen Schutz gegen Sand, Staub und Hitze. Ferner wird durch Einbau anderer Reifengrößen die Geländegängigkeit wesentlich erhöht.

Zum Einbau gelangen folgende Teile:
1 Ölmeßstab mit Schutzschlauch,
1 Kraftstoffhilfspumpe mit Zusatzfilter,
2 Abdeckbleche für Saugrohrheizung,
1 Schutzkappe für Zündspule,
1 Schutzkappe für Zündverteiler,
1 Schutzkappe für Regler der Lichtmaschine,
1 Antriebswelle mit besonderem Krümmungsbogen für Geschwindigkeitsmesser,
5 Scheibenräder,
5 Reifen Größe 690 x 200,
5 Schläuche mit Gummiventil Größe 690 x 200,
5 Raddeckel,
1 Beilage für oberes Tragrohr der Vorderachse,
1 Zwischenstück für Ersatzradträger.
Durch den Einbau der Sonderausrüstung entfallen:
1 Ölmeßstab,
1 Antriebswelle für Geschwindigkeitsmesser,
5 Scheibenräder »bisherige Ausführung«,
5 Reifen,
5 Luftschläuche,
5 Raddeckel.

Sonderausrüstung des Motors

Ölmeßstab mit Schutzschlauch
Der verlängerte Ölmeßstab mit Schutzschlauch verhindert das Eindringen von Sand und Staub durch das Führungsrohr des Ölmeßstabes am Kurbelgehäuse.

Kraftstoffhilfspumpe
Die Kraftstoffhilfspumpe ist in die Kraftstoffleitung zusätzlich eingebaut. Wenn durch die vom Motor angetriebene Kraftstoffpumpe nicht genügend Kraftstoff zum Vergaser gefördert wird oder die Kraftstoffzuführung durch Gasblasenbildung unregelmäßig ist, dann kann durch Betätigen der Hilfspumpe schnell genügend Kraftstoff zum Vergaser gefördert werden. Desgleichen ist vor dem Anlassen ein Auffüllen des Schwimmergehäuses möglich, wenn durch Strahlungswärme Kraftstoff verdunstet ist.

Abdeckbleche für Saugrohrheizung
Durch Einlegen der Abdeckbleche wird die Saugrohrheizung ausgeschaltet, damit die bereits warme Außenluft nicht zusätzlich erhitzt wird.

Schutzkappen für elektrische Ausrüstung
Die Schutzkappe für Zündspule verhindert das Eindringen von Wasser in den Anschlußkopf der Zündspule.
Die Schutzkappe für den Zündverteiler verhindert das Eindringen von Sand und Staub, gewährleistet aber eine genügende Belüftung zum Vermeiden von Oxydation der Innenteile. Die Schutzkappe zum Regler der Lichtmaschine dient dem gleichen Zweck.

Sonderausrüstung des Fahrgestells

Antriebswelle für Geschwindigkeitsmesser
Die Antriebswelle für den Geschwindigkeitsmesser hat einen besonderen Krümmungsbogen, damit die verbreiterte Radfelge den Geschwindigkeitsmesserantrieb nicht beschädigt.

Räder mit Bereifung
Durch die stark vergrößerte Bereifung, welche mit einem wesentlich niedrigeren Luftdruck gefahren werden kann, sinkt der spezifische Bodendruck erheblich. Das Fahren in losem Sand usw. wird dadurch stark erleichtert.

Beilage für oberes Tragrohr der Vorderachse
Die Sonderbereifung erfordert einen Nachlauf = 0. Um den laut D 662/6 Abschnitt A vorhandenen Nachlauf von 2V2° zu beseitigen, ist hinter das obere Tragrohr der Vorderachse ein Beilagstück eingebaut.

Zwischenstück für Ersatzradträger
Durch das Zwischenstück wird die Auflage des Ersatzradträgers so weit erhöht, daß das Ersatzrad mit der vergrößerten Bereifung untergebracht werden kann.

Beachte bei Betrieb des Kfz. Typ VW 82 in den Tropen:

Motoröl: Verwende dickes Motoröl von einer Viskosität von rund 25° Engler bei 50° C.

Abschmieren:
Schmiernippel gut von Sand reinigen vor dem Abschmieren. Nach dem Abschmieren die Fettkragen an den Achsschenkelbolzen, Bundbolzen usw., ebenso die Fettpolster auf den Schmiernip-

peln nicht entfernen, sondern zum Schutz gegen Sand und Staub sitzen lassen.

Luftfilter:
Alle 500 km den Wirbelölfilter reinigen und neu mit Motoröl bis zur Kontroll- schraube füllen. Die Klemmschellen des Rohres zwischen Filter und Vergaser stets so setzen, daß die Schlitze des Rohres verdeckt sind.

Bei Ölkontrolle vor dem Herausziehen des Meßstabes den Stab und den Schutzschlauch von Sand reinigen.
Beim Ölwechsel zuerst die nähere Umgebung der Ablaßschraube, ebenso den Einfüllstutzen von anhaftendem Sand reinigen.

Bei Getriebeölwechsel:
Ablaßschraube und Einfüllstutzen vor dem öffnen von Sand reinigen.
Schmierstoffbehälter, Schmierstofftrichter, Abschmiergerät vor ihrer Benutzung innen und außen gut reinigen, damit kein Sand mit dem Schmierstoff in die Innenteile des Fahrzeuges gelangt.
Kraftstoffgefäße, Kraftstofftrichter ebenso behandeln, damit kein Sand in den Kraftstoffbehälter gelangt. Kraftstoff stets durch ein Filtertuch nachfüllen.

Kraftstoffilter alle 1000 km reinigen: 1. Den kleinen Filter am Kraftstoffhahn: Filterkappe abnehmen, reinigen, Filtersieb mit Kraftstoff und Pinsel reinigen. 2. Zusatzfilter an der Hilfspumpe: Filterkappe abnehmen, reinigen und den Wollfiltereinsatz mit Kraftstoff und Pinsel reinigen.

Arbeiten am Motor: Bei allen Hantierungen am Motor peinlich sauber vorgehen, damit kein Sand in den Motor gelangt und seine Betriebssicherheit gefährdet.

Hilfspumpe nur betätigen, wenn die Kraftstoffzufuhr durch auftretende Gasblasenbildung behindert wird.

Keilriemenspannung kontrollieren alle 1000 km, zur Sicherung der Motorkühlung, wenn nötig, nachstellen.

Leichter Personenkraftwagen K 1 Typ 82

Sonderausrüstung für den Winterbetrieb

Bedienungs-Anweisung Anlassen bei Temperaturen unter -15° während des Anlassens stets den Kupplungs- Fußhebel niedertreten. Vor der Anlasserbetätigung ist der Motor mit der Handkurbel etwa 20mal durchzudrehen. Die Starterklappe soll dabei geschlossen und die Zündung eingeschaltet sein. Ist während diesem Handandre- hen noch keine Zündung erfolgt, so gieße man nun etwa 15-20 ccm Anlaßkraftstoff oder handwarmes Fahrbenzin in die Füllkapsel (V_2) und betätige nun den Anlasser. Liegt die Motordrehzahl sehr niedrig, so lasse man durch eine zweite Person mitkurbeln, wodurch dann der sehr schwache Sammler entlastet und damit der Zündfunken kräftiger wird. Ein Startversuch soll möglichst jeweils eine Minute lang durchgeführt werden. Erfolgen keine Zündungen, so kann weiterer Anlaßkraftstoff bis insgesamt etwa 150 ccm in Mengen von jeweils 30 ccm eingegossen werden. Ein Naßwerden der Zündkerzen ist dabei nicht zu vermeiden, bildet aber auch kein wesentliches Starthindernis. Die Drosselklappe soll während des Startvorganges geschlossen, jedoch hin und wieder leicht geöffnet werden. Springt der Motor an und bleibt aber nach kurzer Laufzeit wieder stehen, so ist meistens der Anlaßkraftstoff verarbeitet, der Motor jedoch noch nicht so warm, um aus dem normalen Fahrkraftstoff ein zündfähiges Gemisch bilden zu können. Dieser Zustand tritt besonders bei einer Kälte unter -30°ein. Bei geringen Kältegraden (auch im Sommer) kann das Stehenbleiben des Motors auch auf ein überfettes Gemisch zurückzuführen sein.

Gegenmaßnahme
Drosselklappe auf Vollgasstellung bringen und Anlasser betätigen bzw. mit Handkurbel Motor einige Male durchdrehen.

Kälte unter -30°
Das Anlassen bei diesen Kältegraden ist stets nur unter Benutzung des Anlaßkraftstoffbehälters durchzuführen. Da außerdem die Kraftstoffmembranpumpe bei diesen Temperaturen und den geringen Motordrehzahlen nicht oder nur sehr unvollkommen arbeitet, wird der zum Anlassen notwendige Kraftstoff nicht gefördert.

Volkswagen (Typ 82), schienengängig
Der Volkswagen (Typ 82), schienengängig (VW schg), ist kein »Nur-Schienenfahrzeug«, sondern das normale, Straßen- und geländegängige Kraftfahrzeug mit einer zusätzlichen Schienenausrüstung. Der VW schg kann daher je nach örtlichen Verhältnissen wechselweise auf Straßen, im Gelände und auf Schienen eingesetzt werden. Die Schienengängigkeit macht die Verwendung des Fahrzeugs auch von jahreszeitlichen Witterungseinflüssen weitgehend unabhängig.
Die Sicherheit des VWschg gegen Entgleisungen ist aufgrund des geringen Fahrzeuggewichts kleiner als bei Eisenbahnfahrzeugen; es sind deshalb Beschränkungen der Fahrgeschwindigkeit im Schienenbetrieb erforderlich.
Das Fahrzeug läuft nicht mit besonderen Schienenrädern auf Schienen, sondern mit seinen luftbereiften Straßenrädern, welche zur Anpassung der Spurweiten an den Schienenabstand mit den Innenseiten nach außen gewendet sind. Das Abrutschen der Straßenräder von den Schienen wird durch neben den Rädern angeordnete Spurscheiben verhindert. Die Spurscheibe verhindert ein seitliches Abrutschen des Straßenrades von der Schiene; beide Spurscheiben laufen mit ihren äußeren Spurkranzflächen an den Schienen entlang und führen hierdurch die Achse. Beim Durchfahren von Weichen übernimmt derSpurkranz, welcher der Schienenlücke am Weichen-Herz- stück gegenüberliegt, die Führung mit seiner Innenfläche am Radlenker. In Abhängigkeit von der Schienenspur beträgt der lichte Abstand zwischen den Spurkränzen in Schienenkopfhöhe 1360 ± 3 mm.
Die Spurscheibe besteht aus einer 3 mm starken Stahlblechscheibe, deren Außenrand spurkranzförmig gebördelt ist. Abweichend vom Laufprofil des Eisenbahnrades ist die Anlauffläche des Spurkranzes am Schienenkopf steiler ausgeführt; diese Formgebung ist mit Rücksicht auf die geringen Raddrücke des Fahrzeugs zur Vermeidung von Entgleisungen notwendig. Aus dem gleichen Grunde beträgt der Außendurchmesser der Spurscheibe 711 mm; dieses Maß ergibt sich aus der Bedingung, daß die für den Gleisbetrieb erforderliche Spurkranzhöhe von 27 mm auch bei dem nur mit dem Fahrer belasteten Fahrzeug mit entsprechend geringsten Reifeneinpressungen und gleichzeitig noch nicht abgenutzten Reifen vorhanden sein muß.
An der Innenseite der Spurscheibe sind drei Zen-

trierteile angeordnet, welche das Aufschieben und Festhalten der Spurscheibe beim gleichzeitigen Anschrauben von Spurscheibe und Straßenrad erleichtern.
Die Bohrungen für die Bundschrauben sind durch Kugelhülsen verstärkt; sie dienen außerdem zum Zentrieren des bei Schienenfahrt gewendeten Straßenrades.
Um bei dem gewendeten Rad das nach innen stehende Ventil zugänglich zu machen, ist die Spurscheibe mit einer runden Aussparung versehen; die gegenüberliegende Aussparung ist nur aus Gründen des Gewichtsausgleichs zur Vermeidung von Schwingungen angeordnet. Der Schienenbetrieb ist unabhängig von der jeweiligen Fahrzeugbelastung durchführbar; jedoch ist notwendig, daß die vorgeschriebenen Reifendrücke vorhanden sind und daß sie sowohl bei den Vorderrädern, als auch bei den Hinterrädern unter sich genau übereinstimmen. Überlastungen des Fahrzeugs sind nicht zulässig.
Die Schienenausrüstung ist so leicht wie möglich gehalten und läßt sich bei Straßen- und Geländefahrten ohne Verlust an Nutzraum mitführen; die Größtnutzlast wird hierdurch nur um etwa 70 kg eingeschränkt. Das schienengängig ausgerüstete Fahrzeug kann daher – wie der normale Wagen – außer dem Fahren drei Mann mit Ausrüstung oder die entsprechende Nutzlast befördern.
Der Umbau des Fahrzeugs vom Straßen- zum Schienenfahrzustand – und umgekehrt – ist rasch durchführbar und kann notfalls auch unabhängig von Wegübergängen auf der freien Strecke vorgenommen werden. Das gleiche trifft für das Wenden des Wagens auf Schienen zu.

Ostfront, Abwehrkämpfe bei Kirowograd, Herbst 1943: Ein VW-Schwimmwagen Typ 166. Neben dem Fahrer Oberst Lorenz, Kommandeur des Panzergrenadier-Regiments »Großdeutschland», hinter ihm Major Chrapkowski, Kdr. des Pionier-Bataillons »Großdeutschland«. Der VW-166, ein Bruder des VW-Kübelwagens, wurde von den Truppen seiner einmaligen Geländetüchtigkeit wegen geschätzt und in den Jahren 1942-1944 insgesamt 14 283 mal gebaut.

WAR DEPARTMENT TECHNICAL MANUAL
TM E9-803

GERMAN VOLKSWAGEN

WAR DEPARTMENT • *6 JUNE 1944*

RESTRICTED *DISSEMINATION OF RESTRICTED MATTER*— The information contained in restricted documents and the essential characteristics of restricted materiel may be given to any person known to be in the service of the United States and to persons of undoubted loyalty and discretion who are cooperating in Government work, but will not be communicated to the public or to the press except by authorized military public relations agencies. (See also paragraph 23, AR 380-5, 15 March 1944.)

Ein am Tage der Invasion in der Normandie, am 6. Juni 1944, für die kämpfenden Truppen vom US-Kriegsministerium herausgegebenes detailliertes Technisches Handbuch über den VW-Kübelwagen.

TM E9-803
96-97

GERMAN VOLKSWAGEN

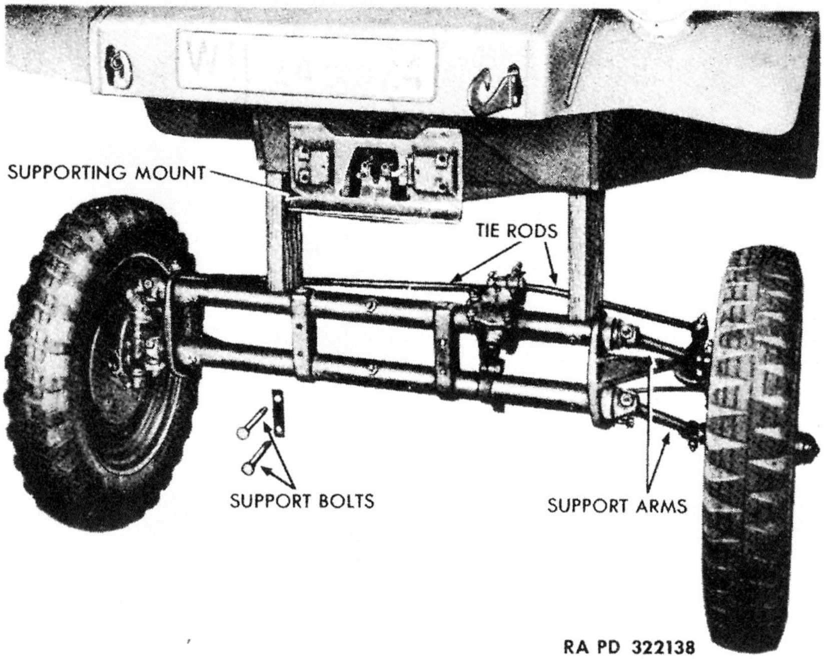

Figure 45—Front Suspension Removed

Eines der zahlreichen Bilder aus dem US-Kübelwagen-Handbuch.

TM E9-80
128

SHIPMENT AND TEMPORARY STORAGE

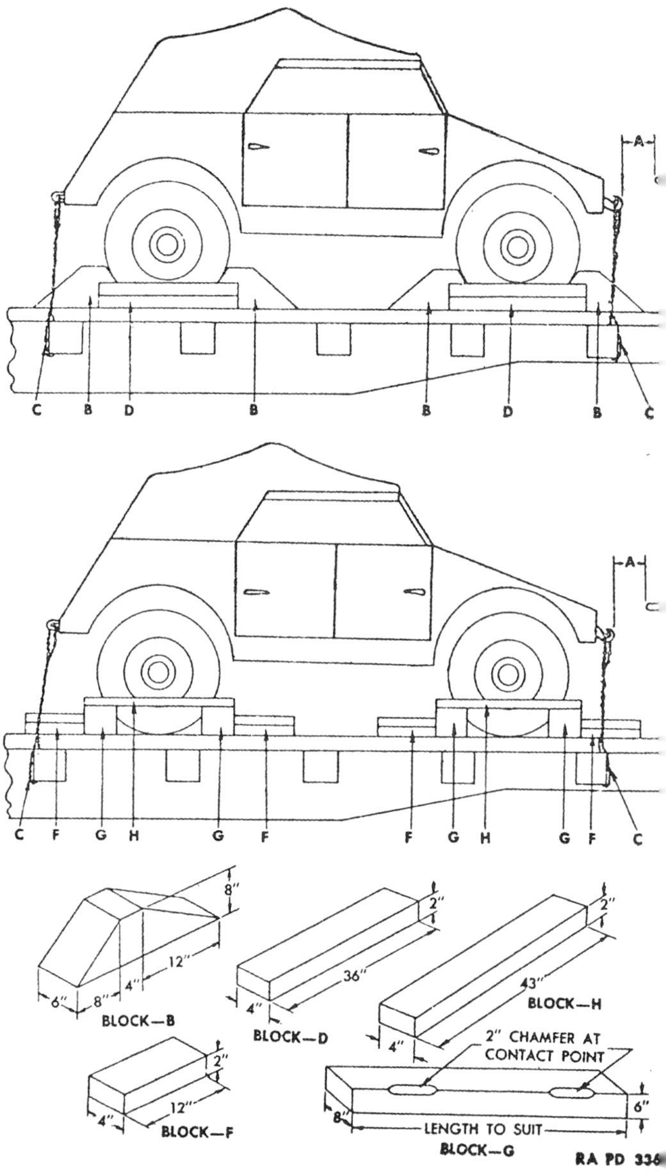

Figure 63—Blocking Requirements for Securing Vehicles Railroad Cars

131

»Eisenbahn-Transport eines VW-Kübelwagens« – aus dem US-Handbuch. ▶

Typ 87 / 1942 - 1944

Motor
luftgekühlter 4-Takt-Ottovergasermotor mit Batteriezündung, liegende Bauart, gegenläufig, obengesteuert.

Bohrung	75 mm
Hub	64 mm
Hubraum	1150 cm^3
Verdichtung	1 : 5,8
Leistung	27,5 PS
Höchstdrehzahl	3300 U/min
Normaldrehzahl	3000 U/min
Höchstdrehmoment	760 cm/kg bei 2000 U/min
Kurbelgehäuse	Leichtmetall
Zylinder	Grauguß
Zylinderkopf	Silumin mit eingezogenem Ventilsatz
Ventile je Zylinder	1 Einlaß-, 1 Auslaß
Steuerung	Stoßstangen-Kipphebel, Nockenwelle untenliegend
Kurbelwelle	4 Gleitlager (Bleibronce)
Kolben	Leichtmetall
Gebläseantrieb über Lichtmaschine	durch Keilriemen
Drehzahl des Gebläses	6000 U/min
Luftmenge	500 l/min
Schmierung	Umlaufschmierung durch Zahnradpumpe
Ölkühler	Röhrenkühler
Zündfolge	1 - 4 - 3 - 2
Verteilerantrieb	Schraubenräder Übersetzung 2 : 1
Vergaser	Fallstromvergaser 26 ∅ Typ 26 VFJ (Deutsche Vergasergesellschaft)

Kupplung

Einscheiben	Trockenkupplung Größe K 10 mit doppelten, wärmeisolierten Federn (Fichtel und Sachs)

Getriebe

Gangzahl	vorwärts 5; rückwärts 1
Untersetzung	1. Gang = 1 : 3,60 2. Gang = 1 : 2,07 3. Gang = 1 : 1,25 4. Gang = 1 : 0,8 R. Gang = 1 : 6,6
3. und 4. Gang	geräuschlos Geländeg. 1 : 6
Zahnradausführung	1. u. 2. Gg. u. R. Gg. gerade verzahnt, Schubschaltung 3. u. 4. Gg. schräg verzahnt, Stiftschaltung Kugel
Art der Schaltung	Geländegang u. Vorderradantrieb Mit Hebel, Mitte Wagen

Vorderachse

Kegelräder	5 : 31
Ausgleich	(keine Spurdifferenz)

Hinterachse

Antrieb	Kegelräder 7 : 31
Übersetzungsgetriebe	Stirnräder außen bei den Rädern 15 : 21
Ausgleich	Z.F. selbsthemmend

Wagengeschwindigkeit

bei Motor n = 3300 U/mm	Geländeg. = 10 km/h 1. Gang = 17 km/h 2. Gang = 32 km/h 3. Gang = 51 km/h 4. Gang = 80 km/h R. Gang = 9 km/h

Steigfähigkeit

bei Motor n = 2000 U/mm	im Geländeg. = 75%

Fahrgestell

Rahmen
drehungssteifer Mittelrahmen mit Gabelung hinten zur Aufnahme von Motor mit Getriebe, Fußboden mit dem Rahmen fest verbunden. Träger des Vorderachsenantriebes und der Vorderachse mit dem Rahmen verflanscht.

Antriebsaggregat
Motor, Getriebe und Achsantrieb zu einem Block verflanscht und in 3 Punkten um Rahmen gummigelagert, Vorderachsantrieb auskuppelbar. Rohrwelle mit Gummigewebescheibe im Rahmen.

Federung
vorne unabhängig gefederte Räder über Stabfedern. Hinterräder, Schwingachse mit Strebenabstützung, einstellbarer Federstab (Kerbzahnprofil, Noniusteilung). Dämpfung über hydraulische Stoßdämpfer.

Lenkung
Sonderspindellenkung Konstruktion Dr. Porsche.
Lage der Lenkung links, Spurstange geteilt.

Übersetzung	2,4 Umdr. am Lenkrad = 49° = voller Einschlag der Vorderräder 1 Umdr. am Lenkrad = 20,5° = 42%
Lenkrad	400 mm ∅
Wendekreis	10 m ∅ gemessen über Kotflügel
Radeinschlag	äußeres Rad 28°, inneres Rad 35°
Sturz	1°
Vorspur	4 - 6 mm

Bremsen
mechanisch durch Seile betätigte 2-Backenbremsen, Seile im Rahmen innen verlegt.

Bremstrommel	230 mm ∅
Bremsbacken	Breite 30 mm
Fußbremse	wirkt auf 4 Räder
Handbremse	desgleichen
Räder	4 Scheibenräder je 5 Bolzen
Felgen	3,00 D - 16
Reifen	Geländereifen 5,25 - 16
Aktiver Radius	319 mm
Radstand	2400 mm
Spurweite vorn	1356 mm
Spurweite hinten	1360 mm
Bodenfreiheit unbel.	310 mm
Bodenfreiheit belastet	290 mm
Rahmenhöhe unbelastet	330 mm
Rahmenhöhe belastet	310 mm

Gewichte

Fahrgestell
bestehend aus komplettem Rahmen, Motor, Getriebe, Hinter- und Vorderachse, Lenkung, Batterie mit Kabel und Anlasser = 485 kg

Militärisches Leergewicht
bestehend aus Fahrzeug, vollem Brennstoffbehälter, Öl, Ausrüstung = 790 kg

Typenleergewicht
bestehend aus militärischem Leergewicht abzüglich Ersatzrad und Ausrüstung = 745 kg

Militärisches Eigengewicht
bestehend aus Typenleergewicht abzüglich Seitenteile und Verdeck = 725 kg

Zulässiges Gesamtgewicht
bestehend aus militärischem Leergewicht plus zusätzlicher Belastung = 450 kg = 1240 kg

Ausrüstung
bestehend aus kompl. Werkzeug mit Tasche, 2 Paar Schneeketten, Kasten mit Ersatzteilen der elektr. Anlage, Wagenheber mit Kurbel, Andrehkurbel, 2 Montiereisen, Handlampe mit Kabel, Zeichenstab, Ölflasche = 28 kg

Achsdrücke aus dem zulässigen Gesamtgewicht

vorne	539
hinten	701
	1240

Achsdrücke aus dem militärischen Leergewicht

vorne	343
hinten	447
	790

Betriebsstoffe

Kraftstoff	OZ 74
Kraftstoffnormverbrauch	8,25 l/100 km
Kraftstoffbehälter	Fassungsvermögen 40 l einschl. 10 l Reserve
Fahrbereich	420 km
Lage	vorne im Aufbau
Zuleitung	Pumpe
Motoröl	Verbrauch 0,12 l/100 km Fassungsvermögen 3 l
Getriebeöl	Getriebefassungsvermögen 2½ l, Vorderachse-Fassungsvermögen 1½ l

Elektrische Anlage

Spannung: 6 Volt

Entstörung

einfach entstört	**voll entstört**
Gruppe III	**Gruppe B I**
n. Bosch-Montageplan	n. Bosch-Montageplan
VTD 875	VTD 895 (Zündanlage)
	VTD 898 (Lichtmaschine)
	VTD 804 (Bremsl.Schalter)

Lichtmaschine	
»Bosch« RED $\frac{130}{6}$ 2600 A1 15 P (spannungsregelnd)	»Bosch« REDN $\frac{130}{6}$ 2600 A1 m. 1 Entstörer EM/S 75/1 u. 1 Entstörer EM/S 5/1
Verteiler	
»Bosch« VE 4 BS 276	»Bosch« VEN 4 (ZEZ) 7/93 B1 mit 1 Entstörer EM/S 5/1 u. Entstörgeschirr EM/GN 4
Zündspule	
»Bosch« TL 6/1	»Bosch« TKN 12/1 ohne Vorwiderstand
Zündkerzen	
»Bosch« 145 T 7	»Bosch« W 175 T 22
Scheibenwischer	
»S.W.F.«	»S.W.F.« – vollentstört,
2 Stk. (Schalter eingebaut) (nicht entstört)	
NSW/WH 6 Volt	6 V
Bremslichtschalter »Stots« nicht entstört	entstört mit »Bosch« Entstörer EMS 6/6/1
Batterie	6 V, 75 Ah Typ DIN Kr 2311
Anlasser	»Bosch« RED 0,4/6 L 3 (P)
Scheinwerfer	»W.M.I.«-Aufbauscheinwerfer 160 ∅ Lichtaustritt (Fernl./Abblendl./Standl.)
Tarnscheinwerfer	»Notek« (Stufenschalter hierzu auf der Schalttafel)
Heckbeleuchtung	»Notek«-Abstandrücklicht und »Notek«-Zusatzrücklicht
Lichtschalter und Zündschalter	in der Schalttafel (ebenso die Fernlicht-Kontrollampe)
Abblendung	»Kostal«-Fußabblendschalter
Winker	»S.W.F.«-Anbauwinker – 180 Pfeillänge
Winkerschalter	neben der Schalttafel (Winkerkontrollampe i. d. Schalttafel)
Warngerät	»W.M.I.«-Preßstoff-Tellerhorn 6 Volt
Sicherungen	10 Patronen 15/8 in 2 Kasten vorne 3 Patronen 15/8 in 1 Kasten hinten
Handleuchte	mit Steckbuchse a. d. Schalttafel
Lade-Kontrollampe	i. d. Schalttafel
Öldruck-Kontrollampe	i. d. Schalttafel (leuchtet mit eingeschalt. Zündung bei weniger als 0,8 atü Öldruck
Sonstiges	
Geschwindigkeitsmesser	»Veigel« bzw. »V.D.O.«, 100 ∅ Anzeigebereich 0 bis 100 km/st Antrieb über Schraubenräder und biegsame Welle vom vorderen Triebling

Schlepperfahrzeug Typ 82 mit Pak 37 (Typ 276)/1944

Veränderungen gegenüber dem Normal-Fahrzeug-Typ 82:

Motor	
Bohrung	75
Hub	64
Hubraum	1130 cm^3
mit Fliehkraft-Drehzahlbegrenzer an der Lichtmaschinenachse.	Ausführung lt. Stückliste, wie bei Typ155
max. Motordrehzahl	3300/min

Geändertes äußeres Stirnrad-Übersetzungsgetriebe an der Hinterachse

Übersetzung	14 : 29 = 1 : 2,07 V = 54 km bei n = 3300 Motordrehzahl V = 49 km bei n = 3000 Motordrehzahl
war früher	(15 : 21) = (1 : 1,4) (V = 80 km bei n = 3300 Motordrehzahl
Stirnrad-Achsabstand	a = 88,5 (war 76,5)
Mitte Hinterrad dadurch	12 mm höher verlegt

Räder und Reifen:

Conti-Geländereifen	BF 200 x 16
effektiver Radius	R = 320 mm
Scheibenrad	82.68.01.2
Felge	7,00 . D x 16
Einpreßtiefe	13 mm (Normalrad 33)
Spurvergrößerung	+ 40 mm
Spurweite vorne	1396
Spurweite hinten	1400
1 kompl. bereiftes Rad wiegt	23 kg
Luftdruck vorne	1,2 atü
Luftdruck hinten	1,5 atü

Betriebsstoffverbrauch

Kraftstoffnormverbrauch	10 l/100 km
Ölverbrauch	0,15 l/100 km
Fahrbereich nach Norm Verbrauch	ca. 400 km

Fahrleistung in Ebene und Steigung
siehe Bericht vom 3. 11. 1944

Fahrgeschwindigkeit in den verschiedenen Gängen

	bei n = 3300	n = 3000 Motordrehzahl
1. Gang 1 : 3,6	12 km/h	10,9 km/h
2. Gang 1 : 2,07	20,8 km/h	19,0 km/h
3. Gang 1 : 1,25	34,6 km/h	31,4 km/h
4. Gang 1 : 0,80	54 km/h	49 km/h
Rücklauf 1 : 6,6	6,5 km/h	5,95 km/h

Gewichte

Fahrzeug-Leergewicht (milit. Marschgewicht)	760 kg
Fahrzeug zul. Ges.-Gewicht	1210 kg
Fahrzeug zul. Zuladung	450 kg
Fahrzeug Vorderachsbel. 40%	484 kg
Fahrzeug Hinterachsbel. 60%	726 kg

Zugkraft-Messung:

Zugkraft an der Anhängerkupplung, gemessen auf ebener Makadamstraße	Z = 700 kg beim Anfahren Z = 500 kg ca. 8 km/h

Geschlepptes Geschütz
Pak 37

Bereifung	6,00 - 20 Transport
Spurweite (gemessen)	1425 mm
Scheibenräder: Einpreßtiefe	27,5 mm
Bolzen-Zahl	5
Lochkreis	160 ∅
1 Rad wiegt bereift	43 kg
Ges.-Gewicht des Geschützes	565 kg

Geschleppter Munitions-Anhänger

Anhänger-Fahrgestell	F. Hahn-Zeichnung. 121.208. A
Anhänger mit Aufbau	276.00.010
Deichsellänge Mitte Öse bis Mitte Rad	1720 mm
Spurweite	1340 mm
Bereifung (wie bei Fahrzeug)	BF 200 x 16

Aufbau:

Holzpritsche innen mit 1 mm Blechbeschlag		
lichte Breite		1025 mm
lichte Länge		810 mm
lichte Höhe		350 mm
Bodenfläche		0,82 m^2
Volumen		0,29m^3
Bodenfreiheit belastet	ca.	320 mm
Ganze Höhe	ca.	770 mm

Gewichte:

Anhänger-Fahrgestell mit Reifen	100 kg
Aufbau mit Kotflügel	50 kg
Ges.-Gewicht, leer	150 kg

Zuladung

16 Munitionskörbe je	393 mm lang) 125 mm breit) lt. O.K.H. 395 mm hoch)
Geschosse je Korb	3
Gewicht je Korb	25 kg
Anordnung der Ladung	stehend, 2 Reihen je 8 Körbe
in der Breite der Pritsche	8 x 125 mm = 1000 mm
in der Länge der Pritsche	2 x 393 mm = 786 mm
Gesamtgewicht der Ladung: (16 x 25)	400 kg
Gesamtgewicht des beladenen Anhängers	550 kg

Besatzung des Fahrzeuges

Geschützfahrzeug und Anhängerfahrzeug	7 Mann incl. Fahrer
Einsatzgewicht 1 Mann incl. Gepäck	100 kg

Außer den schon erwähnten VW Typen entstanden in den Jahren 1938-1945 auf der Basis der Karosserie der VW Kübelwagens und seines Motors eine ganze Reihe *»Sonder-Konstruktionen«:*

Typ Nr.:

87 VW — ein Geländewagen mit Allradantrieb auf der Basis VW 82. Beim Typ »87« handelte es sich um eine Weiterentwicklung des Typs »86«. Dieses offiziell als »VW-Geländewagen B« bezeichnete Fahrzeug hatte vier angetriebene Räder und den normalen viersitzigen, offenen Aufbau der Type »82«. Als Typ »87« hatte das Fahrzeug den geschlossenen vier-

sitzigen »KdF-Aufbau«. Für den Einsatz in Afrika wurde das Fahrzeug »tropenfest« gemacht. Die Umbauten erstreckten sich auf intensiven Staubschutz für Motor und E-Anlage. Eine Kraftstoffhilfspumpe mit Zusatzfilter war ebenfalls vorgesehen. Ferner wurde die Normalbereifung 5,25-16 gegen Sandreifen der Größe 22 mal 67 ausgetauscht. Das verlangte eine Umstellung der Vorderachse. Diese Fahrzeuge gelangten ausschließlich in Nord-Afrika zur Verwendung, jedoch wurden Restbestände vom Frühjahr 1943 ab auf den europäischen Kriegsschauplätzen eingesetzt.

92 VW	Pritschenwagen
110 VW	Kleinschlepper A, mit Führersitz-Anordnung (1938/39)
128 VW	Schwimmwagen A, groß
138 VW	Schwimmwagen B, groß
162 VW	Geländewagen, Typ selbsttragend
164 VW	Sechsrad-Gelände-LKW, Typ leicht mit 2 VW-Motoren, 1941 im Auftrag des SS-Führungsamtes entworfen
166 VW	Schwimmwagen C, klein, 1941 im Auftrag des SS-Führungshauptamtes, ein Krad-Wagen, kurzer Radstand aus Typ »87«.
174 VW	Ein Sturmboot mit VW-Motor
177 VW	5-Gang-Getriebe A für VW-Geländewagen
178 VW	5-Gang-Getriebe B für VW-Geländewagen (vereinfachte Ausfertigung)
179 VW	Motor mit Benzineinspritzung
182 VW	Geländewagen, 2-Radantrieb, mit Einheitsaufbau
187 VW	Geländewagen, Allradantrieb mit Einheitsaufbau
230 VW	mit Generator-Betrieb
231 VW	mit Gasgenerator (Acetylen)
235 VW	mit Elektroantrieb
239 VW	mit Holzkohlengenerator
240 VW	mit Flaschengas-Betrieb
276 VW	Typ »82« mit Protzhaken
287 VW	Kommandeurwagen
309 VW	Geländewagen, Allradantrieb, mit Einheitsaufbau
330 VW	mit HoKo-Gen.-Anlage
331 VW	mit HB-Gen.-Anlage
332 VW	mit AK-Gen.-Anlage
821 VW	3sitziger Kübelwagen-Aufbau
822 VW	Sirenenwagen-Aufbau
823 VW	Panzerkampf- und Panzerspähwagen-Aufbau
825 VW	Pritschenwagen für Fahrgestell Typ »82« und »92«
826 VW	Tropenkastenwagen
827 VW	Kommandeurwagen 3-sitzig, Fahrgestell Typ »82«
828 VW	offener Geländewagen aus Typ »820« in Holzausführung
870 VW	Geländewagen 4-sitzig, Typ selbsttragend
871 VW	Geländewagen 3-sitzig, Typ selbsttragend
877 VW	Kommandeurwagen auf Fahrgestell Typ »287«

Unzählige weiter Versuche und Entwicklungen hatten unmittelbar mit dem Volkswagen zu tun. So fand z. B. 1939/40 der VW-Motor der Type 120/121/122 als Stromerzeuger bei Heer, Luftwaffe und Reichspost Verwendung.

BIBLIOGRAPHIE:

Bittorf, Wilhelm: Die Geschichte eines Autos. In: Der Spiegel. Hamburg 1957

Cosson, L.: Ein Auto wird geboren. Porsches Leben. Antwerpen 1964

Delonge, Th.: Kraftfahrzeugkunde für den VW-Fachmann. Hannover 1966

Frankenberg, Richard v.: Ferdinand Porsche, der Weg eines genialen Konstrukteurs. Zürich–Leipzig–Wien 1957

German Army Transport, Part I.: Wheeled Vehicles. Automobile Engineer. London 1945

Glossary of Captured German; War Office, 1945 London

Gretland, Peer: Historien om Folkvognen Folkevognen. Oslo 1967

Hünninghaus, Kurt: Magier des Automobils – Ferdinand Porsche. München 1962

Index to German Military Instructional and Spare Parts: Handbooks for Wheeled and Tracked Vehicles, R. E. M. E. Army Division, Control Commission for Germany. London 1945

Kaes, Ghislaine E. J.: Die Nordamerikareise des Herrn Dr. Ing. h. c. Ferdinand Porsche im Jahre 1936. Vortrag vom 29. 1. 1937

Kaes, Ghislaine E. J.: Ferdinand Porsche, Mensch und Technik, Wirken und Schaffen. Vortrag vom 4. Oktober 1969

Kaes, Ghislaine E. J.: Ferdinand Porsche – Einhundert Jahre nach seiner Geburt. Stuttgart 1975

Karlmann Brechenmacher, Josef: Porsche, eine namensgeschichtliche Darstellung. Stuttgart 1939

Kölling, Fritz: Ein Auto zieht Kreise – Herkunft und Zukunft des Volkswagens. Reutlingen 1962

Meisel, Charles/Frankenberg, Richard v.: Porsche, the Man and his Cars. London 1961

Mors, Dr. Eberhard: Dein KdF-Wagen. Berlin 1938

Müller, Peter: Ferdinand Porsche ein Genie unserer Zeit. Graz – Stuttgart 1965

Nelson, Walter Henry: Die Volkswagenstory. München 1966

Oberkommando des Heeres, Heeres-Waffen-Amt: Leichter Personenkraftwagen, Baumuster K 1 Typ 82. Gerätebeschreibung und Bedienungsanweisung zum Fahrgestell. Berlin 1940

Oberkommando des Heeres, Heeres-Waffen-Amt: Leichter Personenkraftwagen K 1 Typ 82, Sonderausrüstung für Tropen. Berlin 1941

Oberkommando des Heeres, Heeres-Waffen-Amt: Leichter Personenkraftwagen K 1 Typ 82, Einbauanleitung zur Sonderausrüstung (Tropenwagen). Berlin 1941

Porsche, Ferry: Professor Porsche, 50 Jahre Arbeit für das Kraftfahrzeug. In: ATZ, Heft 6. Juni 1961

Post, Dan R.: Volkswagen Nine Lives Later. Arcadia, California 1966

Preston Charles: The Jokeswagen Book. New York 1966

Quint, Herbert A.: Porsche, der Weg eines Zeitalters. Stuttgart 1951

Reeres, Lt. Col. P. C.: The War-Time Activities of Dr. Ing. h. c. F. Porsche, Ministry of Supply R. T. R. British APO 413 Comlined Intelligence Objectives. Sub-Committee, G-2 Division, SHAEF, London'45

Reibestahl, Paul: Das Buch vom Volkswagen. Braunschweig 1951

Salus, Fritz Mitlo: Interview mit Professor Porsche. Dokumentation unserer Zeit. Salzburg 1969

Scholz, Hugo: Herr seiner Welt – der Lebensroman Ferdinand Porsches. Augsburg 1962

Sinz, Herbert: Der junge Porsche. Göttingen 1968

Sinz, Herbert: Autos – Seine Leidenschaft. Dortmund 1968

Sponsel, Heinz: Porsche – Autos – Weltrekorde. Bleckede 1952

Volkswagenwerk GmbH: Plaudereien um den KDF-Wagen und das Volkswagenwerk. Berlin 1939

Volkswagenwerk GmbH: VW Typ 82. Kurze Anleitung für den Werkstattmann über die wesentlichen Instandsetzungsarbeiten. Braunschweig 1940

Volkswagenwerk GmbH: Leichter Personenkraftwagen K 1 Typ 82, Ersatzteilliste. Berlin 1941

Volkswagenwerk GmbH: Leichter Personenkraftwagen K 1 Typ 82, Sonderausrüstung für Winterbetrieb. Braunschweig 1942

War Office: Technical Intelligence Summaries. Number 1 (February 1941) to Number 187 (November 1945). London 1945

War Office: Recognition of Technical Equipment. Used by the German Army (and other ground forces) Section III. Vheeled (unarmoured) Vehicles, SHAEF. London 1945

ZEITSCHRIFTEN:

Alte Kameraden (1955–1960)

Feldgrau. Mitteilungen einer Arbeitsgemeinschaft zur heereskundlichen Forschung. Burgdorf/Hannover 1953–1964

Der Frontsoldat erzählt. Flensburg 1953–1956

Heeres-Verordnungsblatt. Berlin 1932–1944

Wehrkunde. Monatsschrift der Gesellschaft für Wehrkunde. München 1953–1964

EIN WORT DES DANKES

Ich möchte für ihre freundliche Hilfe meinen herzlichen Dank sagen:

Herrn Ghislaine E. J. Kaes, Stuttgart
Herrn Ing. H. Kaes, Salzburg
Herrn Dr. B. Wiersch, VW-Archiv, Wolfsburg
Herrn Dr. M. Haupt, Bundesarchiv Koblenz
allen Herren der Photographie Library, Imperial War Museum, London
Mr. J. S. Lucas und Mr. P. H. Reed, Imperial War Museum, London
Capitaine Brignone, Chef de la Division Photographique, Fort D'lvry, Paris

Zum Weiterlesen aus dem Motorbuch Verlag

Walter J. Spielberger

Panzer III und seine Abarten

Die detaillierte Entwicklung des Panzerkampfwagen III und seine Abarten. Walter Spielberger berichtet umfassend über die Geschichte und die Technik des mittleren deutschen Panzers, der zwischen 1941 und 1942 noch überlegen war, dann allerdings den leistungsfähigeren gegnerischen Panzer nichts mehr entgegensetzen konnte.

168 Seiten, 201 Abbildungen
Format 230 x 265 mm, gebunden
ISBN 978-3-613-03550-8
€ 19.95 / CHF 27.90 / € (A) 20.60

Wolfgang Fleischer

Militärtechnik des Ersten Weltkriegs - Entwicklung, Einsatz, Konsequenzen

Wolfgang Fleischer dokumentiert in dieser Dokumentation akribisch die gesamte Waffentechnik, die von den Mittelmächten und ihren Gegnern eingesetzt wurde, ganz gleich ob Maschinengewehre, Artilleriegeschütze, Giftgas, erste gepanzerte Kampfwagen, Flugzeuge oder U-Boote.

224 Seiten, 327 Abbildungen
Format 230 x 265 mm, gebunden
ISBN 978-3-613-03706-9
€ 29.90 / CHF 39.90 / € (A) 30.80

Lutz-Reiner Gau / Jörg Siegert

Radfahrzeuge der NVA – LKW, PKW und Kräder

Einmaliger Band über NVA Kräder, Personenwagen, Lastwagen und Anhängegeräte verschiedenster Verwendung, mit ihrer Geschichte und technischen Besonderheiten. Mit rund 900 oft erstmals publizierten Fotos, bietet diese Dokumentation eine einmalige Fülle an Informationen.

432 Seiten, 892 Abbildungen
Format 230 x 265 mm, gebunden
ISBN 978-3-613-03599-7
€ 49.90 / CHF 69.90 / € (A) 51.30

Walter J. Spielberger / Hilary Louis Doyle / Thomas L. Jentz

Halbkettenfahrzeuge des deutschen Heeres

Akribisch recherchierte Dokumentation von Walter J. Spielberger. Vom kleinen Kettenkrad bis zum bulligen 18-Tonner präsentiert dieser Band Halbketten-Fahrzeuge des deutschen Heeres in detaillierten Skizzen und Farbzeichnungen.

172 Seiten, 481 Abbildungen
Format 230 x 265 mm, gebunden
ISBN 978-3-613-02995-8
€ 19.95 / CHF 27.90 / € (A) 20.60

Überall, wo es Bücher gibt, oder unter: www.motorbuch.de · Tel. 0711 / 98 809 984

Stand Januar 2015 · Änderungen in Preis und Lieferfähigkeit vorbehalten.

Motor buch Verlag